湖南农业院士丛书

2020年湖南省重大主题出版项目

超级杂交水稻亩产900千克栽培新技术

主　编——马国辉　袁隆平

副主编——魏中伟　吴朝晖　龙继锐　黄思娣

编　者——

李建武　黄志农　宋春芳　周　静　文吉辉

湖南科学技术出版社

图书在版编目（CIP）数据

超级杂交水稻亩产900千克栽培新技术 / 马国辉，袁隆平主编. —长沙：湖南科学技术出版社，2021.12（湖南农业院士丛书）
ISBN 978-7-5710-1174-1

Ⅰ. ①超… Ⅱ. ①马… ②袁… Ⅲ. ①杂交－水稻栽培Ⅳ. ①S511

中国版本图书馆CIP数据核字(2021)第173235号

CHAOJI ZAJIAO SHUIDAO MUCHAN 900 QIANKE ZAIPEI XIN JISHU
超级杂交水稻亩产900千克栽培新技术
主　　编：马国辉　袁隆平
出 版 人：潘晓山
责任编辑：李　丹
文字编辑：任　妮
出版发行：湖南科学技术出版社
社　　址：长沙市芙蓉中路一段416号泊富国际金融中心
网　　址：http://www.hnstp.com
邮购联系：0731-84375808
印　　刷：长沙超峰印刷有限公司
　　　　（印装质量问题请直接与本厂联系）
厂　　址：长沙市宁乡县金洲新区泉洲北路100号
邮　　编：410600
版　　次：2021年12月第1版
印　　次：2021年12月第1次印刷
开　　本：710mm×1000mm　1/16
印　　张：11.5
字　　数：153千字
书　　号：ISBN 978-7-5710-1174-1
定　　价：50.00元

前　言

粮食安全是关系到国计民生的重大问题，因此需要进一步强化单位土地面积上更高的粮食生产能力。水稻是中国的第一大粮食作物，超级稻产量持续突破，是我国水稻科技进步取得的最重要成果，实现水稻超高产是保障国家粮食安全的重要技术支撑。

自1996年我国农业农村部立项了“中国超级稻育种计划”以来，经过水稻科研工作者持续二十多年的联合攻关，选育了一批具有不同产量潜力的超级稻品种，创造了一个又一个高产纪录。其中，由湖南杂交水稻研究中心袁隆平杂交水稻创新团队分别于2000年、2004年、2012年和2014年实现了“百亩方”平均亩产700千克、800千克、900千克、1000千克的攻关目标，使中国的超级稻育种及栽培技术居国际领先地位。

为了进一步发挥超级杂交稻高产相关技术成果作用，我们组织参加超级杂交稻高产攻关多年的相关科研人员共同编写了《超级杂交稻亩产900千克栽培新技术》，全面梳理和汇集了超级杂交稻亩产900千克栽培技术研究的新成果，重点介绍超级杂交稻品种特征特性、超级杂交稻壮秧培育技术、超级杂交稻超高产施肥技术、超级杂交稻超高产水分管理技术、超级杂交稻超高产群体质量设计栽培、超级杂交稻高产高效栽培技术模式、超级杂交稻气候生态适应性评价、超级杂交稻超高产典型案例分析、超级杂交稻主要病虫害综合防控技术等内容。

本书文字简单明了，内容通俗易懂，使该书具有较强的可读性和可操作性，可供科研人员、农业技术推广人员和广大稻农在研究和示范推广应用中参考，是一本科学性、先进性与实用性强的水稻栽培技术手册。

由于时间仓促和作者水平有限，书中不足之处在所难免，敬请广大读者批评指正。

编　者
2021年8月

目 录

第一章 概 况

一、杂交水稻发展历程

1964年袁隆平开始研究杂交水稻，1966年袁隆平根据其研究结果在《科学通报》第四期发表了《水稻的雄性不孕性》论文，提出了“三系”配套利用水稻杂种优势的育种设想。

在袁隆平的带领下，通过社会主义大协作，1973年杂交水稻实现了“三系”配套，即：细胞质雄性不育系、保持系和恢复系配套。1974年，培育出第一个杂交水稻组合，1975年杂交水稻制种技术取得成功，标志着我国成为第一个大面积商业化推广应用杂交水稻的国家。

基于杂交水稻“三系法”理论和野败细胞质雄性不育材料（WA）的交流与利用，1972年颜龙安育成了珍汕97A，1980年谢华安育成了恢复系明恢63，并成功培育出强优势组合汕优63。汕优63从1986年起连续15年成为我国杂交水稻种植面积最大的水稻品种，单年最大种植面积曾超过1亿亩（1亩≈666.7平方米，全书下同）。随后，朱英国和周开达选育成了红莲型杂交稻和冈型、D型杂交水稻，进一步丰富了我国杂交水稻育种理论。

1976年我国开始大面积推广三系法杂交水稻，取得巨大的增产作用。1976年全国种植杂交水稻208万亩，仅占当年水稻种植面积的0.4%，1977年上升到3100万亩，占当年水稻种植面积的5.8%，1983年突破1亿亩，占当年水稻种植面积的20.3%，1990年突破2亿亩，占当年水稻种植面积的49.8%，1991年以来杂交水稻种植面积稳定在2.4亿亩左右，占水稻种植面积的60%以上。

随着高产栽培技术的研究与配套，杂交水稻单产也逐年提高。1976年杂交水稻单产为280千克/亩，1977年达到358.9千克/亩，1983年突破400千克/亩，1988年达到440千克/亩，以后稳定在450千克/亩左右，比常规水稻增产75千克/亩以上。

据不完全统计，1976年至2020年，45年来我国累计推广杂交水稻面积达6.1亿公顷，增产粮食9.15亿吨，每年因种植杂交水稻而增产的粮食可多养活8000万人口，为我国粮食安全作出了重要贡献。

继三系杂交水稻成功推广应用后，两系法杂交水稻以其更大的增产潜力、更优的米质和更强的抗性而发展迅速。两系法杂交水稻自1995年研制成功以来，种植面积不断增加，如1995年，两系法杂交水稻种植面积仅109.5万亩，到2001年，上升到4000万亩，占杂交水稻种植面积的17.2%；2003年，两系法杂交水稻种植面积上升到4950万亩，80多个光温敏核不育系和100多个两系杂交组合通过审定并应用于生产。一般来说，两系法杂交稻较目前的三系法杂交稻增产5%～10%。据不完全统计，1993—2012年，全国累计推广两系法杂交稻共4.9909亿亩，增产稻谷110.99亿千克；其中，2010—2012年推广面积达到1.5926亿亩，增产稻谷35.907亿千克。

二、超级杂交水稻发展历程与现状

1981年日本首先在世界上提出实施水稻超高产育种计划，计划用15年时间，到1995年育成比当时推广品种增产50%的超高产品种，但因难度太大，且技术路线不妥，至今没有实现。20世纪90年代初，国际水稻所启动了“水稻新株型育种”项目，计划到2005年育成具有12吨/公顷潜力的超级稻。该计划的提出和实施在国际上引起了强烈反响，美国记者以“Super Rice”（即超级稻）为题在国际上予以报道，由此水稻超高产育种被称为“超级稻”育种。此后，世界各主要水稻生产国竞相提出并实施自己的“超级稻计划”。

中国农业农村部于1996年启动了中国超级稻两阶段发展计划，确定了攻关目标。以长江流域中稻为例，第一期目标是从1996年到2000年，育成能在“同一生态区两个点连续两年百亩示范片单产达700千克/亩的超高产水稻品种（组合）”，且抗两种主要病虫害，主要米质指标达部颁二级优质米标准；第二期目标是到2005年，育成大面积单产800千克/亩，抗两种以上病虫害，主要米质指标达到部颁一级优质米标准的超级稻。为实施这一计划，国家有关部门组织了全国多家农业科研单位协作攻关。目前，中国在超级稻育种方面已取得了巨大成功并居国际领先水平。以一季稻为例，我国于2000年、2004年、2011年先后实现了中国超级稻研究的第一期（700千克/亩）、第二期（800千克/亩）和第三期（900千克/亩）的育种目标。

超级稻分超级常规稻品种和超级杂交稻组合两大类。超级稻从优势水平、品质、耐肥性等方面可分为两类：一是产量特高、品质较优、耐肥性很强的耐肥型超级稻，二是产量高、品质优、适应性强的广适型超级稻。

我国从“九五”开始启动超级稻育种项目，通过广大水稻科研人员的协助攻关，到2020年，已育成了一批经农业农村部确认的超级稻品种（组合）。

其中，籼型三系杂交稻48个，如国稻1号、丰源优299、D优527、天优998、珞优8号等；籼型两系杂交稻42个，如两优培九、准两优527、Y优1号、株两优819、扬两优6号等；粳型三系杂交稻1个，如辽优1052。

此外，按照农业农村部认定“超级稻”品种的规定，一些已认定为“超级稻”的品种，因其推广面积达不到要求（个别是推广时间过长，其面积减少）而退出“超级稻”冠名，如丰优299、两优培九、辽优5218、Ⅲ优98等。

为充分发挥超级杂交稻的增产潜力，袁隆平院士于2006年提出了“超级杂交稻‘种三产四’丰产工程”的粮食增产战略设想，运用现有超级杂交稻技术成果，用3亩田产出4亩田的粮食，大幅度提高现有水稻单产和总产，提高农民种粮经济效益，确保国家粮食安全。袁隆平院士的这一战略设想获得了湖南省政府的大力支持，2007年至2016年连续10年将“超级杂交稻‘种三产四’项目”作为湖南省重大专项，项目实施取得了巨大的经济效益和社会效益，为湖南省粮食持续稳定增长、现代农业和新农村建设作出了重大贡献。

基于超级杂交稻高产攻关示范的重大成果与生产实践中水稻单产存在30%以上的产量差距，袁隆平院士又于2014年提出了“三一”粮食高产科技工程，即在南方高产区，周年产粮食1200千克/亩，实现“三分田养活一个人”的产量目标（按周年产1200千克/亩，即每三分田产粮360千克，国家粮食安全指标，即每人每年需粮食360千克）。“三一”粮食高产科技工程于2017年被正式设立为湖南省重大专项，项目的实施为湖南省粮食总产增产、农民增收发挥了重要作用。

三、杂交水稻发展战略

我国是世界上第一个将杂种优势成功应用于水稻的国家，并且杂交水稻的育种技术也处于国际领先水平。然而事物的发展是无止境的，事物的发展规律总是呈螺旋形上升的。

袁隆平院士于1987年提出了“杂交水稻的发展战略”，即：从育种方法上分，杂交水稻育种可分为三系法、两系法和一系法三个发展阶段，朝着程序上由繁到简而效率越来越高的方向发展；从杂种优势水平上分，杂交水稻育种可分为品种间、亚种间和远缘杂种优势利用三个发展阶段。杂交水稻的育种，从育种方法和杂种优势水平出发，有三个战略发展阶段，而每进入一个新阶段都是一次新突破，从而将水稻的产量推向一个更高的水平。

1. 杂交水稻育种方法的发展

（1）三系法。即不育系、保持系和恢复系“三系”配套。三系法是选育杂交水稻新组合的经典方法。但三系法也存在育种程序和生产环节较复杂、选育周期长等主要问题。主要表现在：一是种子生产程序繁琐；二是受恢保关系限制，育出高产、优质、抗性强的杂交稻组合的概率较低；三是产量徘徊不前；四是缺乏高产、优质、熟期较早的杂交早籼组合和高产、优质的杂交粳稻组合。

（2）两系法。即只涉及两个亲本的杂交水稻，广义上分为光温敏核不育系法和化学杀雄法两种。现在通常所指的是前者。1973 年发现的水稻光敏核雄性不育材料，1987 年发现的温敏核雄性不育材料，这两个光、温敏核不育材料的发现是水稻育种上的又一次突破，使杂交水稻的发展跨入一个新阶段。这些材料基本上分为两类：一类是以农垦 58s 为代表的光敏型核不育材料，这种核不育系的雄性不育主要受一对隐性核基因控制而与细胞质无关。这类材料在长日高温条件下表现为雄性不育，在短日低温条件下表现为雄性可育；另一类是以安农 s－1 为代表的温敏型核不育材料，这类材料在高温条件下表现为雄性不育，在较低的温度条件下表现为雄性可育。

两系法杂种优势利用只需要两个育种材料，即光温敏核不育系和恢复系，即可生产杂交种子。由于某种原因光温敏核不育系能一系两用，与三系法相比两系法就少了一个繁种环节。更为有利的是，光温核不育材料由隐性核基因控制，遗传行为简单，理论上讲，任何优良的育种材料都可能培育成光温敏核不育系，而且水稻种质资源中，98％以上的育种材料都可用作两系法中的恢复系，这就大大提高了选配杂交组合的自由度，从而也就大大增加了选育优良组合的概率。目前，已成功选育出了一批实用型光温敏核不育系，如培矮 64s，Y58s。成功培育出一批两系法中晚稻组合，如两优培九、准两优 527、Y 两优 1 号等，完全掌握了光温敏核不育系的繁殖技术和两系法杂交组合的制种技术。

（3）一系法。即培育不分离的 F_1 杂种，将杂种优势固定下来，免除制种，这是长远的战略目标。

2. 杂交水稻优势水平的提高

从杂种的优势水平上分，杂交水稻育种可分为品种间、亚种间和远缘杂种优势利用三个发展阶段。

（1）品种间杂种优势。目前生产上应用的杂交水稻主要属此范畴。20世纪70年代，我国就是利用此类杂种优势使我国水稻在矮化育种后又取得重大突破，普遍可增产20%以上。然而由于品种间的亲缘关系较近，杂种优势利用有较大的局限性。

（2）亚种间杂种优势。籼稻、粳稻和爪哇稻为普通栽培稻的三个亚种。由于籼粳亚种间遗传差距较大，籼粳亚种间杂交种具有巨大的产量潜力。直接利用强大的籼粳亚种间杂种优势是育种工作者多年来梦寐以求的愿望，但难度大，主要问题是杂种结实率偏低。但日本科学家池桥宏等人的研究，揭示了籼粳不亲和性和由此引起的杂种结实率低的本质。现在，已基本找到并掌握了攻克这个难关的方法和材料，成功利用籼粳杂种优势。

（3）远缘杂种优势。远缘杂交可在一定程度上打破稻种之间的界限，促使不同的基因交流。作为一种育种手段，目前主要用于引进不同种属的有用基因，从而改良现有的品种。远缘杂交水稻特别是有异属基因的杂交水稻，可能具有人们今天还难以想象的强大优势，远缘杂种优势的利用却是更加困难，但从生物技术的发展来看，它的实现并非没有可能。利用无融合生殖和借助遗传工程，可能是培育远缘杂交水稻最有希望的途径和方法。

上述三种育种方法之间和三种优势水平之间存在着一定的内在关系。三系法主要适用于选育品种间杂交组合，选育亚种间组合固然可以，但难度较大。两系法对选育品种间和亚种间组合均适用，但用于亚种间杂交则能更好地发挥其优越性。至于远缘杂种优势利用，三系法和两系法均能利用个别有利的远缘基因，但通过一系法来利用，则可能产生更好的效果。

事物的发展无止境。袁隆平院士于2018年进一步提出了“杂交水稻五代发展战略”。杂交水稻经历了从第 1 代以细胞质雄性不育系为遗传工具的三系法杂交水稻到第 2 代以光温敏雄性不育系为遗传工具的两系法杂交水稻的快速发展，目前正在研究攻关以普通核雄性不育系为遗传工具的第 3 代杂交水稻。同时，他认为杂交水稻发展的战略，将沿着第 4 代 C_4 型杂交水稻和以利用无融合生殖固定水稻杂种优势的第 5 代杂交水稻的方向不断向前发展。

四、超级杂交稻超高产实践与案例

自 1996 年我国启动“中国超级稻研究”以来，超级杂交稻的研究进展迅速，并取得重大突破。1997 年，由国家杂交水稻工程技术研究中心与江苏农科院共同选育的超级杂交稻先锋组合——培矮 64s/E32，在江苏 3 个点小面积试种 3.6 亩，平均亩产高达 884 千克；2002 年，由国家杂交水稻工程技术研究中心选育的超级稻组合两优 293 在龙山县示范种植 127 亩，平均亩产 817.3 千克；准两优 527 于 2004 年在湖南省桂东县和汝城县两地百亩示范，平均亩产分别达 842.1 千克和 809.2 千克；2005 年，国家杂交水稻工程技术研究中心的超级稻苗头组合 T98A/RB207－1，在湖南省隆回县金石桥镇作一季中稻栽培，经湖南省农业委员会组织验收测产，小面积亩产达 902.2 千克。2011 年 9 月 18 日，国家杂交水稻工程技术研究中心培育的 Y 两优 2 号，在湖南省隆回县羊古坳乡雷锋村百亩片攻关示范，面积 107.9 亩，经农业农村部组织专家测产验收平均亩产达 926.6 千克，率先实现了中国超级稻计划的第三期育种目标。

随着超级稻项目不断推进，一系列超高产典型实例也不断出现，如福建农业科学院选育的Ⅱ优航 1 号在尤溪县创造了 928.3 千克/亩的高产实例；中国水稻研究所选育的协优 9308 亩产达 818.8 千克，创浙江省水稻单产最高纪录。2014 年湖南省溆浦县“Y 两优 900”百亩连片平均亩产达到 1026.7 千克，见表 1－1。

表1-1　超级杂交稻超高产典型实例

超级杂交稻品种/组合	地点	验收组织单位	实测产量/(千克/亩)
两优293	湖南隆回百亩片	湖南省农业委员会	809.9
准两优527	湖南桂东百亩片	湖南省农业委员会	842.1
准两优527	湖南汝城百亩片	湖南省农业委员会	809.2
协优9308	浙江永昌百亩片	中国农业农村部	818.8
Y两优1	湖南隆回百亩片	中国农业农村部	926.6
Ⅱ优7954	浙江开化百亩片	浙江省科学技术厅	882
中浙优1号	浙江开化百亩片	浙江省科学技术厅	816
国稻6号	浙江富阳百亩片	浙江省科学技术厅	842
Ⅱ优明86	福建尤溪百亩片	福建省农业委员会	847.4
Ⅱ优航1	福建沙县百亩片	福建省农业委员会	883.07
Y两优900	湖南溆浦百亩片	湖南省农业委员会	1026.7
湘两优900	河北邯郸百亩片	河北省科学技术厅	1149.0
Ⅱ优明86	云南永胜百亩片	福建省科学院	1196.5
湘两优900	河南光山千亩片	河南省农业委员会	913.9

第二章 超级杂交稻品种特征特性

一、超级杂交稻品种类型

自1996年农业农村部、科技部立项“中国超级稻育种及栽培技术体系研究”科技计划以来，我国超级稻育种取得了重大进展，育成了一批产量高、米质优、抗性好，适于我国不同生态区域的超高产水稻品种（组合）。全国农技推广中心组织专家制定了超级稻品种确认的标准，每年组织相关专家对符合标准的水稻品种进行评审。自2005年起，截至2020年，经专家评审，农业农村部办公厅认定，累计向全国推荐了197个超级稻确认品种，其中64个品种因审定年份早而退化或推广面积达不到超级稻标准被取消“超级稻”冠名（表2-1）。

表2-1　农业农村部认定的超级稻品种一览表

年 份	品种名称（标*为已取消“超级稻”冠名的品种）
2005年	协优9308*、国稻1号*、国稻3号*、中浙优1号、丰优299*、金优299*、Ⅱ优明86、Ⅱ优航1号*、特优航1号*、D优527*、协优527*、Ⅱ优162*、Ⅱ优7号*、Ⅱ优602、天优998、Ⅱ优084*、Ⅱ优7954*、两优培九*、准两优527*、辽优5218*、辽优1052*、Ⅲ优98*、胜泰1号*、沈农265*、沈农606*、沈农016*、吉粳88、吉粳83*。
2006年	松粳9号*、铁粳7号*、龙粳14号*、龙稻5号*、吉粳102号*、垦稻11号*、甬优6号*、桂农占、中早22*、武粳15*、两优287、株两优819、Y两优1号、培杂泰丰*、新两优6号、黔南优2058*、一丰八号*、Q优6号、天优122*、金优527*、D优202*。
2007年	宁粳1号*、淮稻9号*、千重浪2号*、辽星1号、楚粳27、龙粳18*、玉香油占、新两优6380、丰两优四号（皖稻187号）、内2优6号*、淦鑫688*、Ⅱ优航2号*。

续表

年 份	品种名称（标 * 为已取消"超级稻"冠名的品种）
2009年	龙粳21、淮稻11号*、中嘉早32号*、扬两优6号、陆两优819、丰两优香一号、珞优8号、荣优3号*、金优458*、春光1号*。
2010年	新稻18号*、扬粳4038*、宁粳3号*、南粳44*、中嘉早17、合美占、桂两优2号、培两优3076*、五优308、五丰优T025、新丰优22*、天优3301。
2011年	沈农9816、武运粳24号*、南粳45*、甬优12、陵两优268、准两优1141*、徽两优6号、03优66*、特优582。
2012年	楚粳28号*、连粳7号、中早35、金农丝苗、准两优608、深两优5814、广两优香66、金优785*、德香4103、Q优8号*、天优华占、宜优673、深优9516。
2013年	龙粳31、松粳15、镇稻11、扬粳4227、宁粳4号、中早39、Y两优087、天优3618、天优华占、中9优8012、H优518、甬优15。
2014年	龙粳39、莲稻1号、长白25、南粳5055、南粳49*、武运粳27号、Y两优2号、Y两优5867、两优038、C两优华占、广两优272、两优6号、两优616、五丰优615、盛泰优722、内5优8015、荣优225、F优498。
2015年	扬育粳2号、南粳9108、镇稻18号、华航31、H两优991、N两优2号、宜香优2115、深优1029、甬优538、春优84、浙优18。
2016年	吉粳511、南粳52、徽两优996、深两优870、德优4727、丰田优553、五优662、吉优225、五丰优286、五优航1573。
2017年	南粳0212、楚粳37号、Y两优900、隆两优华占、深两优8386、Y两优1173、宜香4245、吉丰优1002、五优116、甬优2640。
2018年	隆两优1988、深两优136、晶两优华占、五优369、内香6优9号、蜀优217、泸优727、吉优615、五优1179、甬优1540。
2019年	宁粳7号、深两优862、隆两优1308、隆两优1377、和两优713、Y两优957、隆两优1212、晶两优1212、华浙优1号、万太优3185。
2020年	苏垦118、中组143、甬优7850、晶两优1988、嘉丰优2号、华浙优71、福农优676、吉优航1573、泰优871、龙丰优826、旌优华珍。

注：根据《超级稻品种确认办法》（农办科〔2008〕38号），因推广面积未达要求，取消部分品种超级稻冠名资格，表中以"*"标注。

根据超级稻品种类型，可分为常规粳稻、常规籼稻、籼型三系超级杂交稻、粳型三系超级杂交稻、籼型两系超级杂交稻和籼粳交超级杂交稻。

1. 籼型三系超级杂交稻品种

籼型三系超级杂交稻品种主要包括：嘉丰优2号、华浙优71、福农优676、吉优航1573、泰优871、龙丰优826、旌优华珍、华浙优1号、万太优3158、五优369、内香6优9号、蜀优217、泸优727、吉优615、五优1179、宜香4245、吉丰优1002、五优116、德优4727、丰田优553、五优662、吉优225、五丰优286、五优航1573、宜香优2115、深优1029、F优498、荣优225、内5优8015、盛泰优722、五丰优615、天优3618、天优华占、中9优8012、H优518、德香4103、宜优673、深优9516、特优582、五优308、五丰优T025、天优3301、珞优8号、Q优6号、中浙优1号、Ⅱ优明86、Ⅱ优602、天优998。

2. 粳型三系超级杂交稻品种

目前认定的粳型三系超级杂交稻品种仅1个，即辽优1052。

3. 籼型两系超级杂交稻

籼型两系超级杂交稻品种主要包括：晶两优1988、深两优862、隆两优1308、隆两优1377、和两优713、Y两优957、隆两优1212、晶两优1212、隆两优1988、深两优136、晶两优华占、Y两优900、隆两优华占、深两优8386、Y两优1173、徽两优996、深两优870、H两优991、N两优2号、两优616、两优6号、广两优272、C两优华占、两优038、Y两优5867、Y两优2号、Y两优087、准两优608、深两优5814、广两优香66、陵两优268、徽两优6号、桂两优2号、扬两优6号、陆两优819、丰两优香1号、新两优6380、丰两优4号、Y优1号、株两优819、两优287、新两优6号。

4. 籼粳交超级杂交稻

籼粳交超级杂交稻品种主要包括：甬优7850、甬优1540、甬优2640、甬优538、春优84、浙优18、甬优15、甬优12。

二、超级杂交稻品种生物学特征特性

选取自2005年以来认定为超级稻的品种100个，其中包括已取消“超级稻”冠名，现将其主要特性简要介绍如下：

1. 两优培九

江苏省农业科学院粮食作物研究所与湖南杂交水稻研究中心选育的籼型两系杂交水稻，2005年被认定为超级稻品种，2020年取消冠名。在南方稻区平均生育期为150天。感白叶枯病、稻瘟病。整精米率53.6.％、垩白粒率35％、垩白度4.3％、胶稠度68.8毫米、直链淀粉含量21.2％，米质优良。在国家南方稻区生产试验亩产为525.8～576.9千克，在江苏省生产试验平均亩产为625.5千克，适应性较广，适宜在贵州、云南、四川、重庆、湖南、湖北、江西、安徽、江苏、浙江、上海以及河南种植一季稻。该品种2005—2015年累计推广面积4345万亩。

2. 国稻1号

中国水稻研究所选育的籼型三系杂交水稻，2005年被认定为超级稻品种，2019年取消冠名。在长江中下游作双季晚稻种植，全生育期平均120.6天，感稻瘟病、白叶枯病，米质优。整精米率55.9％，长宽比3.4，垩白粒率21％，垩白度3.4％，胶稠度64毫米，直链淀粉含量21.2％。2002—2003年两年区域试验平均亩产458.22千克，2003年生产试验平均亩产433.60千克，适宜在广西中北部、福建中北部、江西中南部、湖南中南部以及浙江南部作双季晚稻种植。该品种2005—2015年累计推广面积704万亩。

3. 丰优299

湖南杂交水稻研究中心选育的籼型三系杂交水稻，2005年被认定为超级稻品种，2020年取消冠名。在湖南省作双季晚稻种植，全生育期平均114天，感稻瘟病、白叶枯病，耐寒性中等。糙米率83.1％，精米率75.6％，整精米率66.9％，长宽比3.0，垩白粒率23％，垩白大小2.6％。

2002—2003 年两年区域试验平均亩产 471.6 千克，适宜在湖南省作双季晚稻种植。该品种 2005—2015 年累计推广面积 1359 万亩。

4. 特优航 1 号

福建省农业科学院水稻研究所选育的籼型三系杂交水稻，2005 年被认定为超级稻品种，2018 年取消冠名，在长江上游作一季中稻种植，全生育期平均 150.5 天，感稻瘟病、白叶枯病，米质一般。整精米率 63.5%，长宽比 2.4，垩白粒率 83%，垩白度 16.2%，胶稠度 62 毫米，直链淀粉含量 20.7%。2002—2003 年两年区域试验平均亩产 591.72 千克，2004 年生产试验平均亩产 573.28 千克，适宜在云南、贵州、重庆的中低海拔稻区(武陵山区除外)、四川平坝丘陵稻区、陕西南部稻区作一季中稻种植。该品种 2005—2015 年累计推广面积 458 万亩。

5. D 优 527

四川农业大学水稻研究所选育的籼型三系杂交水稻，2005 年被认定为超级稻品种，2018 年取消冠名。全生育期在长江上游平均 153.1 天，在长江中下游为 143.5 天。米质中上，抗稻瘟病，不抗白叶枯病和稻飞虱。整精米率 52.1%，长宽比 3.2，垩白粒率 43.5%，垩白度 7.0%，胶稠度 51 毫米，直链淀粉含量 22.7%。2000—2001 年参加长江流域中籼迟熟组区域试验，平均亩产 591.36 千克，2001 年生产试验，长江上游片区平均亩产 648.31 千克，长江中下游片区平均亩产 567.7 千克。适宜在四川、重庆、湖北、湖南、浙江、江西、安徽、上海、江苏的长江流域（武陵山区除外）和云南、贵州省海拔 1100 米以下地区以及河南省信阳、陕西省汉中地区作一季中稻种植。该品种 2005—2015 年累计推广面积 1033 万亩。

6. 两优 287

湖北大学生命科学学院选育的籼型两系杂交水稻，2006 年被认定为超级稻品种。2003—2004 年参加湖北省早稻品种区域试验，米质经农业农村部食品质量监督检验测试中心测定，出糙率 80.4%，整精米率 65.3%，垩白粒率 10%，垩白度 1.0%，直链淀粉含量 19.5%，胶稠度 61 毫米，长宽比3.5，主要理化指标达到国标一级优质稻谷质量标准。两年区域试验平均亩产458.27千克，全生育期113.0天。抗病性鉴定为高感穗茎稻瘟病，感白叶枯病，适于湖北省作早稻种植。

7. Ⅱ优明86

三明市农业科学研究所选育的籼型三系杂交水稻，2005年被认定为超级稻品种。作中稻种植全生育期平均150.8天，作双季晚稻128～135天。整精米率56.2%，垩白粒率78.8%，垩白度18.9%，胶稠度46毫米，直链淀粉含量22.5%。感稻瘟病、白叶枯病，稻瘟病4.5级，白叶枯病8级，稻飞虱7级。1999年参加全国南方稻区中籼迟熟组区域试验，平均亩产632.18千克；2000年续试平均亩产565.4千克；2000年生产试验平均亩产581.2千克。该品种表现迟熟、高产、适应性较广，适宜在贵州、云南、四川、重庆、湖南、湖北、浙江、上海以及安徽、江苏的长江流域和河南省南部、陕西汉中地区作一季中稻种植。

8. 天优998

广东省农业科学院水稻研究所选育的籼型三系杂交水稻，2005年被认定为超级稻品种。在长江中下游作双季晚稻种植，全生育期平均117.7天。抗性：稻瘟病平均3.3级，最高9级，抗性频率90%；白叶枯病7级。整精米率56.7%，长宽比3.1，垩白粒率27%，垩白度2.5%，胶稠度59毫米，直链淀粉含量23.0%，达到国家《优质稻谷》标准3级。2004年、2005年两年参加长江中下游晚籼中迟熟组品种区域试验平均亩产512.62千克。2005年生产试验，平均亩产478.44千克。该品种在华南适合作早、晚稻种植，在长江流域适合作后季稻种植。

9. 辽优1052

辽宁省农业科学院稻作研究所选育的粳型三系杂交水稻，2005年被认定为超级稻品种。生育期160天左右，属中晚熟品种，糙米率81.7%，精米率73.2%，整精米率65.1%，粒长5.3毫米，长宽比2.0，垩白粒率37%，垩白度3.5%，透明度2级，碱消值7.0级，胶稠度66毫米，直链淀粉含量 17.6%，蛋白质 7.4%，米质中，有特殊香味。抗穗颈瘟病。2001 年、2002 年两年参加省区域试验，平均亩产 637.0 千克，2003 年参加省生产试验，平均亩产 678.3 千克。该品种适宜在沈阳、辽阳、铁岭、开原、鞍山、营口、瓦房店等地种植，辽宁省外适宜在新疆、宁夏、河北、陕西、山西等地种植。

10. 株两优 819

湖南亚华种业科学研究院选育的籼型两系杂交水稻，2006 年被认定为超级稻品种。在湖南省作双季早稻栽培，全生育期 106 天左右。湖南省区试抗性鉴定：叶瘟 5 级，穗瘟 5 级，感稻瘟病，白叶枯病 5 级；米质检测：糙米率 81.8%，精米率 72.2%，整精米率 68.0%，粒长 6.5 毫米，长宽比 3.0，垩白粒率 60%，垩白度 9.9%，透明度 2 级，碱消值 4.9 级，胶稠度 60 毫米，直链淀粉含量 22.1%，蛋白质含量 10.8%。2003 年、2004 年两年湖南省区域试验平均亩产 470.48 千克，日产量 4.42 千克。该品种适宜在江西、湖南作双季早稻种植。

11. Y 两优 1 号

湖南杂交水稻研究中心选育的籼型两系杂交水稻，2006 年被认定为超级稻品种。在长江上游作一季中稻种植，全生育期平均 160.8 天。稻瘟病综合指数 6.4，穗瘟损失率最高 7 级；褐飞虱 9 级；感稻瘟病，高感褐飞虱。米质主要指标：整精米率 67.2%，长宽比 2.8，垩白粒率 29.0%，垩白度 4.3%，胶稠度 80 毫米，直链淀粉含量 17.2%，达到国家《优质稻谷》标准 3 级。2010 年、2011 年两年参加长江上游中籼组区域试验平均亩产 582.5 千克。2012 年生产试验，平均亩产 619.5 千克。该品种适宜在云南、重庆（武陵山区除外）的中低海拔籼稻区、四川平坝丘陵稻区、陕西南部稻区作一季中稻种植。在海南、广西南部、广东中南部及西南部、福建南部双季稻区作早稻种植，以及在江西、湖南、湖北、安徽、浙江、江苏的长江流域稻区（武陵山区除外）和福建北部、河南南部稻区作一季中稻种植。稻瘟病重发区不宜种植。

12. 新两优 6 号

安徽荃银农业高科技研究所选育的籼型两系杂交水稻，2006 年被认定为超级稻品种。在长江中下游作一季中稻种植，全生育期平均 130.1 天。稻瘟病综合指数 6.6，穗瘟损失率最高 9 级；白叶枯病 5 级。米质主要指标：整精米率 64.7%，长宽比 3.0，垩白粒率 38%，垩白度 4.3%，胶稠度 54 毫米，直链淀粉含量 16.2%。2005 年、2006 年两年参加长江中下游中籼迟熟组品种区域试验平均亩产 572.39 千克。2006 年参加生产试验，平均亩产 549.71 千克。该品种适宜在江西、湖南、湖北、安徽、浙江、江苏的长江流域稻区（武陵山区除外）以及福建北部、河南南部稻区种植。

13. Q 优 6 号

重庆市种子公司选育的籼型三系杂交水稻，2006 年被认定为超级稻品种。在长江上游作一季中稻种植，全生育期平均 153.7 天。抗性：稻瘟病平均 6.4 级，最高 9 级，抗性频率 75.0%。米质主要指标：整精米率 65.6%，长宽比 3.0，垩白粒率 22%，垩白度 3.6%，胶稠度 58 毫米，直链淀粉含量 15.2%，达到国家《优质稻谷》标准 3 级。2004 年、2005 年两年参加长江上游中籼迟熟组品种区域试验平均亩产 598.35 千克，2005 年生产试验，平均亩产 556.66 千克。该品种适宜在云南、贵州、湖北、湖南、重庆的中低海拔籼稻区（武陵山区除外）、四川平坝丘陵稻区、陕西南部稻区作一季中稻种植。

14. 丰两优 4 号

合肥丰乐种业股份有限公司选育的籼型两系杂交水稻，2007 年被认定为超级稻品种。在长江中下游作一季中稻种植，全生育期平均 135.3 天。抗性：稻瘟病综合指数 6.2，穗瘟损失率最高 9 级；白叶枯病 7 级；褐飞虱 9 级。米质主要指标：整精米率 60.3%，长宽比 2.9，垩白粒率 21%，垩白度 2.9%，胶稠度 75 毫米，直链淀粉含量 16.1%，达到国家《优质稻谷》标准 2 级。2007 年、2008 年两年参加长江中下游迟熟中籼组品种区域试验平均亩产606.40千克；2008年生产试验，平均亩产575.19千克。该品种适宜在江西、湖南、湖北、安徽、浙江、江苏的长江流域稻区（武陵山区除外）以及福建北部、河南南部作一季中稻种植。

15. 扬两优6号

江苏里下河地区农业科学研究所选育的籼型两系杂交水稻，2009年被认定为超级稻品种。在长江中下游作一季中稻种植，全生育期平均134.1天。抗性：稻瘟病平均指数4.8级，最高7级；白叶枯病3级；褐飞虱5级。米质主要指标：整精米率58.0%，长宽比3.0，垩白粒率14%，垩白度1.9%，胶稠度65毫米，直链淀粉含量14.7%。2002年、2003年两年参加长江中下游中籼迟熟优质A组区域试验，平均亩产555.98千克。2004年生产试验、平均亩产555.72千克。该品种适宜在福建、江西、湖南、湖北、安徽、浙江、江苏的长江流域稻区（武陵山区除外）以及河南南部稻区作一季中稻种植。

16. 陆两优819

湖南亚华种业科学研究院选育的籼型两系杂交水稻，2009年被认定为超级稻品种。在长江中下游作双季早稻种植，全生育期平均107.2天。抗性：稻瘟病综合指数3.9，穗瘟损失率最高7级，抗性频率55%；白叶枯病7级；褐飞虱5级，白背飞虱7级。米质主要指标：整精米率59.0%，长宽比3.4，垩白粒率72%，垩白度8.1%，胶稠度59毫米，直链淀粉含量20.4%。2006年、2007年两年参加长江中下游早中熟早籼组品种区域试验平均亩产508.0千克。2007年生产试验，平均亩产455.0千克。该品种适宜在江西、湖南、湖北、安徽、浙江作早稻种植。

17. 丰两优香1号

合肥丰乐种业股份有限公司选育的籼型两系杂交水稻，2010年被认定为超级稻品种。在长江中下游作一季中稻种植，全生育期平均130.2天。稻瘟病综合指数7.3，穗瘟损失率最高9级；白叶枯病平均6级，最高7级。整精米率61.9%，长宽比3.0，垩白粒率36%，垩白度4.1%，胶稠度58毫米，直链淀粉含量16.3%。2005年、2006年两年参加长江中下游中籼迟熟组品种区域试验平均亩产568.70千克。2006年参加生产试验，平均亩产570.31千克。该品种适宜在江西、湖南、湖北、安徽、浙江、江苏的长江流域稻区（武陵山区除外）以及福建北部、河南南部稻区作一季中稻种植。

18. 珞优8号

武汉大学选育的籼型三系杂交水稻，2009年被认定为超级稻品种。在长江中下游作一季中稻种植，全生育期平均138.8天。抗性：稻瘟病综合指数5.1，穗瘟损失率最高9级；白叶枯病7级。米质主要指标：整精米率61.4%，长宽比3.1，垩白粒率22%，垩白度4.1%，胶稠度65毫米，直链淀粉含量22.7%，达到国家《优质稻谷》标准3级。2004年、2005年两年参加长江中下游中籼迟熟组区域试验平均亩产568.50千克。2005年参加生产试验，平均亩产538.19千克。该品种适宜在江西、湖南、湖北、安徽、浙江、江苏的长江流域稻区（武陵山区除外）以及福建北部、河南南部稻区作一季中稻种植。

19. 桂两优2号

广西农业科学院水稻研究所选育的籼型两系杂交水稻，2010年被认定为超级稻品种。桂南作早稻种植，全生育期124天。米质主要指标：糙米率82.7%，整精米率69.0%，长宽比2.7，垩白粒率86%，垩白度15.0%，胶稠度80毫米，直链淀粉含量24.4%；抗性：苗叶瘟6级，穗瘟7级，穗瘟损失指数46.2%，稻瘟病抗性综合指数6.8；白叶枯病致病Ⅳ型7级，Ⅴ型5级。2006年、2007年两年参加桂南稻作区早稻迟熟组品种区域试验平均亩产511.12千克。2007年参加生产试验，平均亩产559.38千克，适宜在桂南稻作区作早稻种植。

20. 五优308

广东省农业科学院水稻研究所选育的籼型三系杂交水稻，2010年被认定为超级稻品种。在长江中下游作双季晚稻种植，全生育期平均112.2

天。抗性：稻瘟病综合指数 5.1，穗瘟损失率最高 9 级，抗性频率 85%；白叶枯病平均 6 级，最高 7 级；褐飞虱 5 级。米质主要指标：整精米率 59.1%，长宽比 2.9，垩白粒率 6%，垩白度 0.8%，胶稠度 58 毫米，直链淀粉含量 20.6%，达到国家《优质稻谷》标准 1 级。2006 年、2007 年两年参加长江中下游早熟晚籼组品种区域试验平均亩产 504.5 千克。2007 年生产试验，平均亩产 511.7 千克，适宜在江西、湖南、浙江、湖北和安徽长江以南稻区作晚稻种植。

21. 五丰优 T025

江西农业大学农学院选育的籼型三系杂交水稻，2010 年被认定为超级稻品种。在长江中下游作双季晚稻种植，全生育期平均 112.3 天。抗性：稻瘟病综合指数 5.5，穗瘟损失率最高 9 级；白叶枯病 7 级；褐飞虱 9 级。米质主要指标：整精米率 56.1%，长宽比 2.9，垩白粒率 29%，垩白度 4.7%，胶稠度 52 毫米，直链淀粉含量 22.5%，达到国家《优质稻谷》标准 3 级。2007 年、2008 年两年参加长江中下游晚籼早熟组品种区域试验平均亩产 501.3 千克。2009 年生产试验，平均亩产 490.11 千克。该品种适宜在江西、湖南、湖北、浙江以及安徽长江以南稻区作晚稻种植。

22. 天优 3301

福建省农业科学院生物技术研究所和广东省农业科学院水稻研究所选育的籼型三系杂交水稻，2010 年被认定为超级稻品种。在长江中下游作一季中稻种植，全生育期平均 133.3 天。抗性：稻瘟病综合指数 3.3，穗瘟损失率最高 5 级；白叶枯病 9 级；褐飞虱 7 级；耐寒性一般。米质主要指标：整精米率 47.9%，长宽比 3.1，垩白粒率 36%，垩白度 6.0%，胶稠度 79 毫米，直链淀粉含量 23.2%。2007 年、2008 年两年参加长江中下游中籼迟熟组品种区域试验平均亩产 598.3 千克，2009 年生产试验，平均亩产 581.1 千克。该品种适宜在江西、湖南、湖北、安徽、浙江、江苏的长江流域稻区（武陵山区除外）以及福建北部、河南南部稻区作一季中稻种植。

23. 甬优12

宁波市农业科学研究院选育的粳型三系杂交水稻，2011年被认定为超级稻品种。2007年、2008年两年参加浙江省单季杂交晚粳稻品种区域试验平均亩产565.4千克，2009年省生产试验平均亩产603.7千克。两年平均全生育期154.1天，经省农科院植微所2007—2008年两年抗性鉴定，平均叶瘟2.2级，穗瘟3.1级，穗瘟损失率4.1%，综合指数分别为1.9和3.2；白叶枯病3.5级，褐稻虱7.0级。经农业农村部稻米及制品质量监督检测中心2007年、2008年两年米质检测，平均整精米率68.8%，长宽比2.1，垩白粒率29.7%，垩白度5.1%，透明度3级，胶稠度75.0毫米，直链淀粉含量14.7%，其两年米质指标分别达到食用稻品种品质部颁4等和5等。该品种适宜在浙江省钱塘江以南稻区作单季稻种植。

24. 陵两优268

湖南亚华种业科学研究院选育的籼型两系杂交水稻，2011年被认定为超级稻品种。在长江中下游作双季早稻种植，全生育期平均112.2天抗稻。抗性：稻瘟病综合指数5.3，穗瘟损失率最高7级，抗性频率90%；白叶枯病平均6级，最高7级；褐飞虱3级，白背飞虱3级。米质主要指标：整精米率66.5%，长宽比3.2，垩白粒率39%，垩白度4.4%，胶稠度79毫米，直链淀粉含量12.3%。2006年、2007年两年参加长江中下游迟熟早籼组品种区域试验平均亩产519.7千克，2007年生产试验平均亩产514.1千克。该品种适宜在江西、湖南以及福建北部、浙江中南部稻区作早稻种植。

25. 徽两优6号

安徽省农业科学院水稻研究所选育的籼型两系杂交水稻，2011年被认定为超级稻品种。长江中下游作一季中稻种植，全生育期平均135.1天。抗性：稻瘟病综合指数5.7，穗瘟损失率最高9级，白叶枯病7级，褐飞虱9级，高感稻瘟病、褐飞虱，感白叶枯病，抽穗期耐热性一般。米质主要指标：整精米率58.8%，长宽比2.9，垩白粒率33%，垩白度6.9%，胶稠度76毫米，直链淀粉含量14.7%。2009年、2010年两年参加长江中下游中籼迟熟组区域试验平均亩产578.0千克。2011年生产试验平均亩产604.2千克。该品种适宜在江西、湖南（武陵山区除外）、湖北（武陵山区除外）、安徽、浙江、江苏的长江流域稻区以及福建北部、河南南部稻区种植。

26. 特优582

广西农业科学院水稻研究所选育的籼型三系杂交水稻，2011年被认定为超级稻品种。该品种在桂南作早稻种植，全生育期124天。糙米率82.3%，整精米率70.9%，长宽比2.2，垩白粒率96%，垩白度23.8%，胶稠度38毫米，直链淀粉含量21.6%；抗性：苗叶瘟5级，穗瘟9级，穗瘟损失率42.8%，稻瘟病抗性综合指数6.5；白叶枯病致病Ⅳ型7级，Ⅴ型9级。2007年、2008年两年参加桂南稻作区早稻迟熟组品种区域试验平均亩产531.01千克。2007—2008年在北流、平南、钦州等地试种展示，平均亩产564.7千克。该品种适宜在桂南稻作区作早稻或桂中稻作区早造因地制宜种植，应注意稻瘟病、白叶枯病等病虫害的防治。

27. 准两优608

湖南隆平种业有限公司选育的籼型两系杂交水稻，2012年被认定为超级稻品种。在长江中下游作双季晚稻种植，全生育期平均119.0天。抗性：稻瘟病综合指数5.2，穗瘟损失率最高9级；白叶枯病9级；褐飞虱9级。米质主要指标：整精米率51.6%，长宽比3.2，垩白粒率11%，垩白度1.1%，胶稠度55毫米，直链淀粉含量20.9%。2007年、2008年两年参加长江中下游中迟熟晚籼组品种区域试验平均亩产520.34千克；2008年生产试验，平均亩产535.61千克。该品种适宜在广西中北部、广东北部、福建中北部、江西中南部、湖南中南部、浙江南部稻区作晚稻种植。

28. 深两优5814

国家杂交水稻工程技术研究中心清华深圳龙岗研究所选育的籼型两系杂交水稻，2012年被认定为超级稻品种。在长江上游稻区作一季中稻种植，全生育期平均158.7天。抗性：稻瘟病综合指数两年分别为6.5、5.0，穗瘟损失率最高7级；褐飞虱9级；感稻瘟病，高感褐飞虱。米质主要指标：整精米率63.4%，长宽比2.9，垩白粒率22%，垩白度2.9%，胶稠度83毫米，直链淀粉含量17.8%，达到国家《优质稻谷》标准2级。2014年、2015年两年参加长江上游中籼迟熟组区域试验平均亩产623.9千克。2016年生产试验，平均亩产598.4千克。该品种适宜在四川省平坝丘陵稻区、贵州省（武陵山区除外）、云南省的中低海拔籼稻区、重庆市（武陵山区除外）海拔800米以下地区、陕西省南部稻区作一季中稻种植。稻瘟病重发区不宜种植。

29. 广两优香66

湖北省农业技术推广总站选育的籼型两系杂交水稻，2012年被认定为超级稻品种。长江中下游作一季中稻种植，全生育期平均138.8天。抗性：稻瘟病综合指数5.1，穗瘟损失率最高7级，白叶枯病5级，褐飞虱7级，感稻瘟病、褐飞虱，中感白叶枯病。米质主要指标：整精米率58.6%，长宽比2.9，垩白粒率17.7%，垩白度3.4%，胶稠度81毫米，直链淀粉含量16.9%，达到国家《优质稻谷》标准3级。2009年、2010年两年参加长江中下游中籼迟熟组区域试验平均亩产555.1千克。2011年生产试验，平均亩产553.5千克。该品种适宜在江西、湖南（武陵山区除外）、湖北（武陵山区除外）、安徽中南部、浙江的长江流域稻区以及福建北部、河南南部作一季中稻种植。

30. 天优华占

中国水稻研究所等选育的籼型三系杂交水稻，2012年被认定为超级稻品种。华南作双季早稻种植，全生育期平均123.1天。抗性：稻瘟病综合指数3.6，穗瘟损失率最高5级，白叶枯病7级，褐飞虱7级，白背飞虱3级，中感稻瘟病，感白叶枯病、褐飞虱，中抗白背飞虱。米质主要指标：整精米率63.0%，长宽比2.8，垩白粒率20%，垩白度4.5%，胶稠度70毫米，直链淀粉含量20.8%，达到国家《优质稻谷》标准3级。2009年、

2010年两年参加华南早籼组区域试验平均亩产502.5千克，2011年生产试验，平均亩产502.8千克。适宜在广东中南及西南，广西桂南和海南稻作区的白叶枯病轻发的双季稻区作早稻种植。在江西、湖南（武陵山区除外）、湖北（武陵山区除外）、安徽、浙江、江苏的长江流域稻区，福建北部、河南南部稻区的白叶枯病轻发区和云南、贵州（武陵山区除外）、重庆（武陵山区除外）的中低海拔籼稻区，四川平坝丘陵稻区、陕西南部稻区的中等肥力田块作一季中稻种植；广西中北部、广东北部、福建中北部、江西中南部、湖南中南部、浙江南部稻区作晚稻种植。

31. 宜优673

福建省农业科学院水稻研究所选育的籼型三系杂交水稻，2012年被认定为超级稻品种。在长江中下游作一季中稻种植，全生育期平均133.8天。抗性：稻瘟病综合指数4.1，穗瘟损失率最高9级；白叶枯病9级；褐飞虱7级。米质主要指标：整精米率49.8%，长宽比3.1，垩白粒率52%，垩白度6.7%，胶稠度66毫米，直链淀粉含量16.4%。2006年、2007年两年参加长江中下游迟熟中籼组品种区域试验平均亩产567.54千克；2008年生产试验，平均亩产571.57千克。该品种适宜在江西、湖南、湖北、安徽、浙江、江苏的长江流域稻区以及福建北部、云南海拔1300米以下地区、河南南部稻区作一季中稻种植。

32. 深优9516

清华大学深圳研究生院选育的籼型三系杂交水稻，2012年被认定为超级稻品种。晚造全生育期112～116天。米质鉴定为国标优质3级、省标优质3级，整精米率70.2%～70.8%，垩白粒率10%～46%，垩白度1.8%～20.0%，直链淀粉含量15.3%～15.4%，胶稠度70～80毫米，长宽比3.2，食味品质79～80分。抗稻瘟病，全群抗性频率88.5%，对中B群、中C群的抗性频率分别为84.4%和91.7%，病圃鉴定叶瘟1.5级、穗瘟2.0级；中感白叶枯病。2008年、2009年晚造参加省区试，平均亩产分别为518.5千克和480.51千克。2009年晚造生产试验平均亩产446.86

千克。该品种适宜在广东省粤北以外稻作区早、晚造种植，栽培上要注意防治白叶枯病。

33. Y两优087

南宁市沃德农作物研究所等选育的籼型两系杂交水稻，2013年被认定为超级稻品种。桂南作早稻种植，全生育期128天左右。米质主要指标：糙米率78.9%，整精米率63.7%，长宽比2.8，垩白粒率24%，垩白度2.5%，胶稠度72毫米，直链淀粉含量14.5%；抗性：苗叶瘟5级，穗瘟3～7级，最高7级，穗瘟损失率7.5%～38.9%，稻瘟病抗性综合指数4.5～6.5；白叶枯病致病Ⅳ型5～7级，Ⅴ型7～9级。2008年、2009年两年参加桂南稻作区早稻迟熟组区域试验平均亩产538.78千克，2009年生产试验平均亩产536.98千克。该品种适宜在广东省粤北以外稻作区早、晚造种植，桂南稻作区作早稻，广西稻作区因地制宜作早稻或中稻种植，应注意稻瘟病、白叶枯病等病虫害的防治。

34. 天优3618

广东省农业科学院水稻研究所选育的籼型三系杂交水稻，2013年被认定为超级稻品种。早造全生育期126～127天。米质未达优质标准，整精米率53.4%～61.2%，垩白粒率38%～45%，垩白度20.0%～23.6%，直链淀粉含量21.4%～22.6%，胶稠度52～55毫米，长宽比3.2～3.3，食味品质74～75分。抗稻瘟病，全群抗性频率95.7%，对中C群、中B群的抗性频率分别为96.0%和92.1%，田间监测结果表现抗叶瘟、中抗穗瘟；中感白叶枯病，对C4菌群、C5菌群均表现中感。2007年、2008年早造参加省区域试验，平均亩产分别为462.1千克和471.9千克；2008年早造参加省生产试验，平均亩产474.4千克。该品种适宜在广东省粤北以外稻作区早、晚造种植。

35. 中9优8012

中国水稻研究所选育的籼型三系杂交水稻，2013年被认定为超级稻品种。在长江中下游作一季中稻种植，全生育期平均133.1天。抗性：稻瘟病综合指数 5.4，穗瘟损失率最高 9 级；白叶枯病 7 级；褐飞虱 9 级。米质主要指标：整精米率 55.5%，长宽比 3.1，垩白粒率 31%，垩白度 6.3%，胶稠度 69 毫米，直链淀粉含量 25.6%。2006 年、2007 年两年参加长江中下游迟熟中籼组品种区域试验平均亩产 567.51 千克；2008 年生产试验，平均亩产 558.47 千克。该品种适宜在江西、湖南、湖北、安徽、浙江、江苏的长江流域稻区（武陵山区除外）以及福建北部、河南南部稻区作一季中稻种植。

36. H 优 515

湖南农业大学和衡阳市农业科学研究所选育的籼型三系杂交水稻，2013 年被认定为超级稻品种。在长江中下游作双季晚稻种植，全生育期平均 112.9 天。稻瘟病综合指数 6.0，穗瘟损失率最高 9 级；白叶枯病 7 级；褐飞虱 9 级；抽穗期耐冷性中等。感稻瘟病、白叶枯病、褐飞虱。整精米率 57.2%，长宽比 3.5，垩白粒率 25%，垩白度 5.0%，胶稠度 56 毫米，直链淀粉含量 21.6%，达到国家《优质稻谷》标准 3 级。2009 年、2010 年两年参加长江中下游晚籼早熟组品种区域试验平均亩产 499.6 千克。2010 年生产试验，平均亩产 486.4 千克。该品种适宜在江西、湖南、湖北、浙江以及安徽长江以南稻区作晚稻种植。

37. 甬优 15

宁波市农业科学研究院作物研究所和宁波市种子有限公司选育的籼粳交三系杂交水稻，2013 年被认定为超级稻品种。全生育期两年福建省中稻区试平均 147.7 天。两年稻瘟病抗性鉴定综合评价为中感稻瘟病。米质检测结果：糙米率 80.1%，精米率 72.2%，整精米率 63.3%，平均粒长 6.4 毫米，长宽比 2.4，垩白粒率 14%，垩白度 2.2%，透明度 1 级，碱消值 3.8 级，胶稠度 84 毫米，直链淀粉含量 15.3%，蛋白质含量 7.7%。2010 年、2011 年两年参加福建省中稻区试平均亩产比对照增产 1.51%。2012 年参加福建省中稻生产试验，平均亩产 622.93 千克。该品种适宜在浙江省稻区作单季稻种植，也适宜在福建省稻区作中稻种植。

38. Y两优2号

湖南杂交水稻研究中心选育的籼型两系杂交水稻，2014年被认定为超级稻品种。在长江中下游作一季中稻种植，全生育期平均139.1天。抗性：稻瘟病综合指数5.5，穗瘟损失率最高9级；白叶枯病7级；褐飞虱9级；高感稻瘟病、白叶枯病、褐飞虱。米质主要指标：整精米率64.7%，长宽比3.0，垩白粒率28%，垩白度3.6%，胶稠度84毫米，直链淀粉含量15.5%，达到国家《优质稻谷》标准3级。2011年、2012年两年参加长江中下游中籼迟熟组区域试验平均亩产615.4千克，2012年生产试验，平均亩产580.4千克。该品种适宜在江西、湖南（武陵山区除外）、湖北（武陵山区除外）、安徽、浙江、江苏的长江流域稻区以及福建北部、河南南部稻区作一季中稻种植，稻瘟病重发区不宜种植。

39. Y两优5867

江西科源种业有限公司等单位选育的籼型两系杂交水稻，2014年被认定为超级稻品种。长江中下游作一季中稻种植，全生育期平均137.8天。抗性：稻瘟病综合指数4.0，穗瘟损失率最高5级，白叶枯病3级，褐飞虱9级，中感稻瘟病，中抗白叶枯病，高感褐飞虱，抽穗期耐热性一般。米质主要指标：整精米率64.9%，长宽比3.0，垩白粒率25.3%，垩白度4.4%，胶稠度73毫米，直链淀粉含量15.3%，达到国家《优质稻谷》标准3级。2009、2010年两年参加长江中下游中籼迟熟组区域试验平均亩产577.7千克。2011年生产试验，平均亩产600.8千克。该品种适宜在江西、湖南（武陵山区除外）、湖北（武陵山区除外）、安徽、浙江、江苏的长江流域稻区以及福建北部、河南南部稻区作一季中稻种植。

40. 两优038

江西天涯种业有限公司选育的籼型两系杂交水稻，2014年被认定为超级稻品种。全生育期平均122.6天。出糙率80.6%，精米率71.8%，整精米率59.5%，粒长7.1毫米，长宽比3.2，垩白粒率60%，垩白度6.0%，直链淀粉含量21.4%，胶稠度78毫米。稻瘟病抗性自然诱发鉴定：穗颈瘟为 9 级，高感稻瘟病。2008 年、2009 年参加江西省水稻区试，两年平均亩产 569.74 千克。该品种适宜在江西省稻瘟病轻发区种植。

41. C 两优华占

湖南金色农华种业科技有限公司选育的籼型两系杂交水稻，2014 年被认定为超级稻品种。在华南作双季早稻种植，全生育期平均 123.3 天。抗性：稻瘟病综合指数两年分别为 3.9、3.8，穗瘟损失率最高 7 级；白叶枯病 7 级；褐飞虱 9 级；白背飞虱 9 级；感稻瘟病，感白叶枯病，高感褐飞虱，高感白背飞虱。米质主要指标：整精米率 50.8%，长宽比 3.1，垩白粒率 18%，垩白度 2.9%，胶稠度 85 毫米，直链淀粉含量 12.8%。2013 年、2014 年两年参加华南早籼组区域试验平均亩产 508.4 千克。2015 年生产试验，平均亩产 537.0 千克。该品种适宜在广东中南部及西南部、福建南部、广西桂南和海南稻作区的稻瘟病轻发区作早稻种植。

42. 广两优 272

湖北省农业科学院粮食作物研究所选育的籼型两系杂交水稻，2014 年被认定为超级稻品种。2010—2011 年参加湖北省中稻品种区域试验，米质经农业农村部食品质量监督检验测试中心（武汉）测定，出糙率 78.9%，整精米率 62.5%，垩白粒率 13%，垩白度 1.3%，直链淀粉含量 16.4%，胶稠度 77 毫米，长宽比 3.0，主要理化指标达到国标 2 级优质稻谷质量标准。区域试验平均亩产 604.50 千克。全生育期平均 139.8 天。抗病性鉴定稻瘟病综合指数 6.9，穗瘟损失率最高 9 级；白叶枯病 5 级；高感稻瘟病，中感白叶枯病。该品种适于湖北省西南部以外的稻瘟病无病区或轻病区作中稻种植。

43. 两优 6 号

湖北荆楚种业股份有限公司选育的籼型两系杂交水稻，2014 年被认定为超级稻品种。在长江中下游作双季早稻种植，全生育期平均 112.7 天。抗性：稻瘟病综合指数 6.6，穗瘟损失率最高 9 级；白叶枯病 7 级；褐飞虱 9 级；白背飞虱 9 级。高感稻瘟病、褐飞虱和白背飞虱，感白叶枯病。

米质主要指标：整精米率58.2%，长宽比3.2，垩白粒率19%，垩白度3.9%，胶稠度58毫米，直链淀粉含量22.1%，达到国家《优质稻谷》标准3级。2008年、2009年两年参加长江中下游早籼迟熟组品种区域试验平均亩产521.8千克。2010年生产试验，平均亩产455.8千克。该品种适宜在江西、湖南、广西北部、福建北部、浙江中南部稻区作早稻种植。

44. 两优616

中种集团福建农嘉种业股份有限公司等选育的籼型两系杂交水稻，2014年被认定为超级稻品种。全生育期两年区试平均143.0天。两年稻瘟病抗性鉴定综合评价为中感稻瘟病，其中将乐黄潭点鉴定为感稻瘟病。米质检测结果：糙米率80.4%，精米率73.0%，整精米率64.9%，粒长7.1毫米，长宽比2.9，垩白粒率39.0%，垩白度8.5%，透明度1级，碱消值5.3级，胶稠度86毫米，直链淀粉含量15.6%，蛋白质含量7.6%。2009年参加福建省中稻区试，平均亩产630.87千克；2010年续试，平均亩产604.86千克。2011年参加省中稻生产试验，平均亩产620.2千克。该品种适宜在福建省稻区作中稻种植。

45. 五丰优615

广东省农业科学院水稻研究所选育的籼型三系杂交水稻，2014年被认定为超级稻品种。早造平均全生育期129天。米质未达优质等级，整精米率51.1%～68.7%，垩白粒率58%～63%，垩白度21.3%～23.5%，直链淀粉含量12.1%～13.0%，胶稠度86～90毫米，长宽比2.8～2.9，食味品质75～77分。中抗稻瘟病，全群抗性频率92.86%～100%，对中B群、中C群的抗性频率分别为81.25%～100%和100%，病圃鉴定叶瘟1.4～2.5级（单点最高4.0级）、穗瘟1.8～4.0级（单点最高7.0级）；感白叶枯病（Ⅳ型菌7级、Ⅴ型菌9级）。2010年、2011年早造参加省区试，平均亩产分别为447.22千克和543.42千克。2011年早造参加省生产试验，平均亩产478.19千克。该品种适宜在广东省北部以外稻作区早、晚造种植。

46. 盛泰优 722

湖南洞庭高科种业股份有限公司等选育的籼型三系杂交水稻，2014 年被认定为超级稻品种。在湖南省作晚稻栽培，全生育期平均 112.6 天。抗性：平均叶瘟 4.1 级，穗瘟 7.3 级，稻瘟病综合抗性指数 5.3；耐低温能力中等。米质：糙米率 81.9%，精米率 70.8%，整精米率 57.1%，粒长 7.3 毫米，长宽比 3.6，垩白粒率 28%，垩白度 2.5%，透明度 1 级，碱消值 6.0 级，胶稠度 55 毫米，直链淀粉含量 18.2%。2010 年、2011 年两年参加湖南省区试平均亩产 501.49 千克。该品种适宜在湖南省稻瘟病轻发区作双季晚稻种植。

47. 内 5 优 8015

中国水稻研究所和浙江农科种业有限公司选育的籼型三系杂交水稻，2014 年被认定为超级稻品种。在长江中下游作一季中稻种植，全生育期平均 133.1 天。抗性：稻瘟病综合指数 5.9，穗瘟损失率最高 9 级；白叶枯病 9 级；褐飞虱 9 级。米质主要指标：整精米率 52.2%，长宽比 3.0，垩白粒率 30%，垩白度 4.4%，胶稠度 76 毫米，直链淀粉含量 15.8%，达到国家《优质稻谷》标准 3 级。2007 年、2008 年两年参加长江中下游中籼迟熟组品种区域试验平均亩产 590.8 千克。2009 年生产试验，平均亩产 591.4 千克。该品种适宜在江西、湖南、湖北、安徽、浙江、江苏以及福建北部、河南南部稻区作一季中稻种植。

48. 荣优 225

江西省农业科学院水稻研究所和广东省农业科学院水稻研究所选育的籼型三系杂交水稻，2014 年被认定为超级稻品种。长江中下游作双季晚稻种植，全生育期平均 116.5 天。抗性：稻瘟病综合指数 5.8，穗瘟损失率最高 9 级，白叶枯病 5 级，褐飞虱 9 级，黑条矮缩病发病率 63%，高感稻瘟病、黑条矮缩病、褐飞虱，中感白叶枯病，抽穗期耐冷性弱。米质主要指标：整精米率 61.2%，长宽比 3.0，垩白粒率 14%，垩白度 2.8%，胶稠度 57 毫米，直链淀粉含量 24.4%。2009 年、2010 年两年参加长江中下游晚籼早熟组区域试验平均亩产516.4千克。2011年生产试验，平均亩产510.5千克。该品种适宜在江西、湖南双季稻区作晚稻种植；稻瘟病重发区不宜种植。

49. F优498

四川农业大学水稻研究所等选育的籼型三系杂交水稻，2014年被认定为超级稻品种。在长江上游作一季中稻种植，全生育期平均155.2天。抗性：稻瘟病综合指数6.0，穗瘟损失率最高7级；褐飞虱7级；耐热性较弱。感稻瘟病和褐飞虱。米质主要指标：整精米率69.2%，长宽比2.8，垩白粒率21%，垩白度4.9%，胶稠度80.5毫米，直链淀粉含量23.5%。2008年、2009年两年参加长江上游中籼迟熟组品种区域试验平均亩产621.3千克，2010年生产试验，平均亩产582.6千克。该品种适宜在云南、贵州（武陵山区除外）、重庆（武陵山区除外）的中低海拔籼稻区、四川平坝丘陵稻区、陕西南部稻区的稻瘟病轻发区作一季中稻种植。湖南省海拔600米以下稻瘟病轻发的山丘区作中稻种植。

50. H两优991

广西兆和种业有限公司选育的籼型两系杂交水稻，2015年被认定为超级稻品种。桂中、桂北晚稻种植全生育期108天左右。米质主要指标：糙米率77.7%，整精米率65.3%，粒长6.8毫米，长宽比3.2，垩白粒率22%，垩白度4.2%，胶稠度85毫米，直链淀粉含量13.9%；抗性：苗叶瘟5级，穗瘟发病率85.45%～93.0%，损失率15.9%～32.9%，损失率均级5～7级，稻瘟病抗性综合指数6.0～7.0，稻瘟病抗性水平为中感至感病；白叶枯病Ⅳ型5～7级，Ⅴ型9级，白叶枯抗性评价为中感至高感。产量表现：2009年、2010年两年参加桂中、桂北稻作区晚稻中熟组区域试验平均亩产482.28千克。2010年生产试验平均亩产414.22千克。该品种适宜在桂中稻作区作早稻、晚稻，桂北稻作区作晚稻或桂南稻作区作早稻因地制宜种植。

51. N两优2号

长沙年丰种业有限公司和湖南杂交水稻研究中心选育的籼型两系杂交水稻，2015年被认定为超级稻品种。在湖南省作中稻栽培，全生育期平均141.8天。抗性：叶瘟病5.50级，穗颈瘟7.00级，稻瘟病抗性综合指数5.25，白叶枯病抗性5级，稻曲病抗性5级。耐高温能力中等，耐低温能力中等。米质：糙米率80.2%、精米率70.6%、整精米率66.0%，粒长6.6毫米，长宽比3.0，垩白粒率18%，垩白度1.4%，透明度2级，碱消值4级，胶稠度90毫米，直链淀粉含量15.0%。2011年、2012年两年参加湖南省区域试验平均亩产635.85千克。该品种适宜在湖南省山丘区作中稻种植。

52. 宜香优2115

四川农业大学农学院等选育的籼型三系杂交水稻，2015年被认定为超级稻品种。长江上游作一季中稻种植，全生育期平均平均156.7天。抗性：稻瘟病综合指数3.6，穗瘟损失率最高5级，抗性频率33.7%，褐飞虱9级，中感稻瘟病，高感褐飞虱。米质主要指标：整精米率54.5%，长宽比2.9，垩白粒率15.0%，垩白度2.2%，胶稠度78毫米，直链淀粉含量17.1%，达到国家《优质稻谷》标准2级。2010年、2011年两年参加长江上游中籼迟熟组区域试验平均亩产603.9千克。2011年生产试验，平均亩产623.3千克。该品种适宜在云南、贵州（武陵山区除外）、重庆（武陵山区除外）的中低海拔籼稻区、四川平坝丘陵稻区、陕西南部稻区作一季中稻种植。

53. 深优1029

江西现代种业股份有限公司选育的籼型三系杂交水稻，2015年被认定为超级稻品种。在长江中下游作双季晚稻种植，全生育期平均118.4天。抗性：稻瘟病综合指数5.9级，穗瘟损失率最高9级；白叶枯病9级；褐飞虱9级；高感稻瘟病、白叶枯病、褐飞虱；抽穗期耐冷性较弱。米质主要指标：整精米率52.9%，长宽比3.0，垩白粒率28%，垩白度4.5%，胶稠度71毫米，直链淀粉含量16.5%，达到国家《优质稻谷》标准3级。2010年、2011年两年参加长江中下游晚籼早熟组区域试验平均亩产502.2千克。2012年生产试验，平均亩产502.6千克。该品种适宜在江西、湖北、浙江、安徽的双季稻区作晚稻种植。稻瘟病重发区不宜种植。

54. 甬优538

宁波市种子有限公司选育的籼粳交三系杂交水稻，2015年被认定为超级稻品种。经2011年、2012年两年参加浙江省单季杂交晚粳稻区试平均亩产718.4千克，2012年省生产试验平均亩产755.0千克。全生育期平均153.5天。经浙江省农业科学院2011—2012年抗性鉴定，平均叶瘟1.1级，穗瘟5.0级，穗瘟损失率8.3%，综合指数为3.7；白叶枯病2.4级；褐飞虱9.0级。经农业农村部稻米及制品质量监督检测中心2011—2012年检测，平均整精米率71.2%，长宽比2.1，垩白粒率39%，垩白度7.7%，透明度2级，胶稠度70.5毫米，直链淀粉含量15.5%，米质各项指标均达到食用稻品种品质部颁4等。该品种适宜在浙江省稻区作单季稻种植。

55. 春优84

中国水稻研究所与浙江农科种业有限公司选育的粳型三系杂交水稻，2015年被认定为超级稻品种。2010年、2011年两年浙江省单季杂交晚粳稻区试平均亩产685.9千克，2012年省生产试验平均亩产658.3千克。全生育期平均156.7天。经省农科院植微所2010—2011年抗性鉴定，平均叶瘟0.3级，穗瘟2.0级，穗瘟损失率1.0%，综合指数为1.7；白叶枯病6.0级；褐飞虱9级。经农业农村部稻米及制品质量监督检测中心2010—2011年检测，平均整精米率65.9%，长宽比2.0，垩白粒率71%，垩白度11.3%，透明度3级，胶稠度80毫米，直链淀粉含量16.8%，米质各项指标分别达到食用稻品种品质部颁5等和6等。该品种适宜在浙江省稻区作单季晚稻种植。

56. 浙优18

浙江省农业科学院作物与核技术利用研究所等选育的籼粳交三系杂交水稻，2015年被认定为超级稻品种。2010年、2011年两年浙江省单季籼粳杂交稻区试平均亩产 662.1 千克，2011 年省生产试验平均亩产 672.4 千克。全生育期平均 153.6 天。经浙江省农业科学院 2010—2011 年抗性鉴定，平均叶瘟 2.4 级，穗瘟 4.5 级，穗瘟损失率 7.8%，综合指数为 4.3；白叶枯病 3.5 级；褐飞虱 8 级。经农业农村部稻米及制品质量监督检测中心 2010—2011 年检测，两年平均整精米率 67.3%，长宽比 2.0，垩白粒率 34.0%，垩白度 5.0%，透明度 3 级，胶稠度 70 毫米，直链淀粉含量 14.7%，两年米质各项指标分别达到食用稻品种品质部颁 6 等和 4 等。该品种适宜在浙江省稻区作单季稻种植。

57. 徽两优 996

合肥科源农业科学研究所和安徽省农业科学院水稻研究所选育的籼型两系杂交水稻，2016 年被认定为超级稻品种。长江中下游作一季中稻种植，全生育期平均 132.4 天。抗性：稻瘟病综合指数 5.3，穗瘟损失率最高 9 级，白叶枯病 7 级，褐飞虱 9 级，高感稻瘟病、褐飞虱，感白叶枯病。米质主要指标：整精米率 61.0%，长宽比 2.8，垩白粒率 40%，垩白度 9.7%，胶稠度 79 毫米，直链淀粉含量 13.1%。2009 年、2010 年两年长江中下游中籼迟熟组区域试验平均亩产 575.8 千克，2011 年生产试验，平均亩产 602.6 千克。该品种适宜在江西、湖南（武陵山区除外）、湖北（武陵山区除外）、安徽、浙江、江苏的长江流域稻区以及福建北部、河南南部稻区作一季中稻种植；稻瘟病重发区不宜种植。

58. 深两优 870

广东兆华种业有限公司和深圳市兆农农业科技有限公司选育的籼型两系杂交水稻，2016 年被认定为超级稻品种。晚造全生育期平均 117 天。米质鉴定为国标优质 3 级和省标优质 3 级，整精米率 61.4%～68.5%，垩白粒率 12%～15%，垩白度 1.2%～1.6%，直链淀粉含量 13.7%～15.4%，胶稠度 60～68 毫米，长宽比 3.2～3.3，食味品质 76～80 分。抗稻瘟病，全群抗性频率 93.5%～95.7%，对中 B 群、中 C 群的抗性频率分别为 93.8%～95.8%和 92.3%～94.7%，病圃鉴定叶瘟 1.6～2.3 级、穗瘟 3.0

级；感白叶枯病（Ⅳ型菌7级，Ⅴ型7级）。2012年、2013年晚造参加省区域试验，平均亩产分别为496.67千克和446.63千克。2013年晚造参加省生产试验，平均亩产430.08千克。该品种适宜在广东省粤北以外稻作区作早造、晚造种植，栽培上要注意防治白叶枯病。

59. 德优4727

四川省农业科学院水稻高粱研究所和四川省农业科学院作物研究所选育的籼型三系杂交水稻，2016年被认定为超级稻品种。全生育期平均149.4天。品质测定：出糙率80.9%、整精米率68.3%、长宽比2.8、垩白粒率38%、垩白度4.2%、胶稠度86毫米、直链淀粉含量15.0%、蛋白质含量9.7%。稻瘟病抗性鉴定：2011年叶瘟6级、4级、7级、5级，颈瘟5级、7级、5级、5级；2012年叶瘟5级、5级、5级、7级，颈瘟5级、5级、5级、5级。2011年、2012年两年四川省水稻中籼迟熟区试平均亩产549.16千克。2013年生产试验，平均亩产563.55千克。该品种适宜种植地区为四川省平坝、丘陵地区。

60. 丰田优553

广西农业科学院水稻研究所选育的籼型三系杂交水稻，2016年被认定为超级稻品种。晚造全生育期平均115天。米质鉴定为国标和省标优质3级，整精米率61.7%～63.3%，垩白粒率6%～9%，垩白度0.8%～1.4%，直链淀粉含量14.4%～15.6%，胶稠度72～82毫米，长宽比3.4～3.5，食味品质84～87分。抗稻瘟病，全群抗性频率81.82%～88.24%，对中B群、中C群的抗性频率分别为68.42%～88.46%和85.71%～100%，病圃鉴定叶瘟1.5～2.8级、穗瘟2.5～3.5级；高感白叶枯病（Ⅳ型菌7～9级，Ⅴ型9级）。2014年晚造参加省区域试验，平均亩产481.08千克；2015年晚造复试，平均亩产460.55千克。2015年晚造参加省生产试验，平均亩产467.00千克。该品种适宜在广东省北部以外稻作区作晚造种植。栽培上要特别注意防治白叶枯病。

61. 五优 662

江西惠农种业有限公司和广东省农业科学院水稻研究所选育的籼型三系杂交水稻，2016 年被认定为超级稻品种。全生育期平均 119.2 天。出糙率 80.5%，精米率 73.9%，整精米率 51.1%，粒长 7.1 毫米，长宽比 3.0，垩白粒率 72%，垩白度 10.1%，直链淀粉含量 20.0%，胶稠度 40 毫米。稻瘟病抗性自然诱发鉴定：穗颈瘟为 9 级，高感稻瘟病。2010 年、2011 年参加江西省水稻区试，两年平均亩产 495.38 千克。该品种适宜在江西省种植。

62. 吉优 225

江西省农业科学院水稻研究所等选育的籼型三系杂交水稻，2016 年被认定为超级稻品种。全生育期平均 116.8 天。出糙率 80.3%，精米率 73.2%，整精米率 63.4%，粒长 6.7 毫米，长宽比 3.0，垩白粒率 10%，垩白度 0.6%，直链淀粉含量 20.7%，胶稠度 50 毫米。稻瘟病抗性自然诱发鉴定：穗颈瘟为 9 级，高感稻瘟病。2012 年、2013 年参加江西省水稻区试，两年平均亩产 545.54 千克。该品种适宜在江西省种植。

63. 五丰优 286

江西现代种业有限责任公司和中国水稻研究所选育的籼型三系杂交水稻，2016 年被认定为超级稻品种。在长江中下游作双季早稻种植，全生育期平均 113.0 天。抗性：稻瘟病综合指数 5.6，穗瘟损失率最高 9 级；白叶枯病 7 级；褐飞虱 9 级；白背飞虱 7 级；高感稻瘟病，感白叶枯病，高感褐飞虱，感白背飞虱。米质主要指标：整精米率 65.4%，长宽比 2.7，垩白粒率 27%，垩白度 3.2%，胶稠度 86 毫米，直链淀粉含量 13.9%。2012 年、2013 年两年早籼迟熟组区域试验平均亩产 537.4 千克。2014 年生产试验，平均亩产 488.1 千克。该品种适宜在江西、湖南、广西桂北、福建北部、浙江中南部的双季稻区作早稻种植，稻瘟病常发区不宜种植。

64. 五优航 1573

江西省超级水稻研究发展中心等选育的籼型三系杂交水稻，2016 年被认定为超级稻品种。全生育期平均123.1天。出糙率80.8%，精米率71.0%，整精米率64.3%，粒长6.2毫米，长宽比2.8，垩白粒率17%，垩白度1.9%，直链淀粉含量20.0%，胶稠度50毫米。稻瘟病抗性自然诱发鉴定：穗颈瘟为9级，高感稻瘟病。2012年、2013年参加江西省水稻区试，两年平均亩产561.05千克。该品种适宜在江西省稻瘟病轻发区种植。

65. Y两优900

创世纪种业有限公司选育的籼型两系杂交水稻，2017年被认定为超级稻品种。在华南作双季晚稻种植，全生育期平均114.0天。抗性：稻瘟病综合指数两年分别为5.9、6.3，穗瘟损失率最高9级；白叶枯病9级；褐飞虱9级；高感稻瘟病，高感白叶枯病，高感褐飞虱。米质主要指标：整精米率66.3%，长宽比3.0，垩白粒率11%，垩白度1.9%，胶稠度65毫米，直链淀粉含量14.5%。2013年、2014年两年华南感光晚籼组区域试验平均亩产511.9千克。2015年生产试验，平均亩产527.6千克。该品种适宜在海南、广东中南及西南平原稻作区、广西桂南稻作区、福建南部的稻瘟病轻发区作双季晚稻种植，并特别注意防治稻瘟病、白叶枯病和稻飞虱等病虫害。

66. 隆两优华占

袁隆平农业高科技股份有限公司等选育的籼型两系杂交水稻，2017年被认定为超级稻品种。在华南作双季晚稻种植，全生育期平均115.0天。抗性：稻瘟病综合指数两年分别为3.7、3.7，穗瘟损失率最高3级；白叶枯病7级；褐飞虱9级；中抗稻瘟病，感白叶枯病，高感褐飞虱。米质主要指标：整精米率68.4%，长宽比3.1，垩白粒率7%，垩白度0.9%，胶稠度75毫米，直链淀粉含量13.6%。在长江上游作一季中稻种植，全生育期平均157.9天。抗性：稻瘟病综合指数两年分别为2.8、2.8，穗瘟损失率最高3级；褐飞虱7级；中抗稻瘟病，感褐飞虱。米质主要指标：整精米率67.3%，长宽比3.0，垩白粒率8%，垩白度1.3%，胶稠度84毫米，直链淀粉含量16.6%，达到国家《优质稻谷》标准2级。2014年、2015年两年华南感光晚籼组区域试验平均亩产510.8千克。2016年生产试验，平均亩产501.0千克。2014年、2015年两年长江上游中籼迟熟组区域试验平均亩产625.7千克。2016年生产试验，平均亩产594.6千克。适宜在广东省（粤北稻作区除外）、广西桂南、海南省、福建南部的双季稻区作晚稻种植。该品种适宜在四川省平坝丘陵稻区、贵州省（武陵山区除外）、云南省的中低海拔籼稻区、重庆市、陕西省南部稻区作一季中稻种植。

67. 深两优8386

广西兆和种业有限公司选育的籼型两系杂交水稻，2017年被认定为超级稻品种。桂南早稻种植，全生育期平均128.8天。抗性：苗叶瘟4～5级，穗瘟损失率11.24%～31.19%，损失率最高7级，稻瘟病抗性综合指数4.8～7.0；白叶枯病5级。感稻瘟病、中感白叶枯病。米质主要指标：糙米率78.1%，整精米率55.6%，长宽比3.5，垩白粒率9%，垩白度0.8%，胶稠度78毫米，直链淀粉含量11.5%。2013年、2014年两年早稻区域试验平均亩产569.9千克；2014年早稻生产试验平均亩产535.8千克。该品种适宜在桂南稻作区作早稻种植。

68. Y两优1173

国家植物航天育种工程技术研究中心（华南农业大学）和湖南杂交水稻研究中心选育的籼型两系杂交水稻，2017年被认定为超级稻品种。早造全生育期平均125天。米质未达优质等级，整精米率34.6%～43.5%，垩白粒率9%～16%，垩白度1.3%～2.6%，直链淀粉含量12.1%～14.4%，胶稠度70～88毫米，长宽比3.2，食味品质71～83分。抗稻瘟病，全群抗性频率94.3%～96.97%，对中B群、中C群的抗性频率分别为94.44%～100%和85.7%～100%，病圃鉴定叶瘟1.0～1.3级、穗瘟3.0级；感白叶枯病（Ⅳ型菌7级、Ⅴ型菌7～9级）。2013年、2014年早造参加省区试，平均亩产分别为488.54千克和476.42千克。2014年早造参加省生产试验，平均亩产468.62千克。该品种适宜在广东省北部以外稻作区早造、晚造种植。

69. 宜香4245

宜宾市农业科学院选育的籼型三系杂交水稻，2017年被认定为超级稻品种。长江上游作一季中稻种植，全生育期平均159.2天。抗性：稻瘟病综合指数4.9，穗瘟损失率最高7级，抗性频率63.6%，褐飞虱9级。感稻瘟病，高感褐飞虱。米质主要指标：整精米率66.0%，长宽比2.9，垩白粒率10.5%，垩白度1.7%，胶稠度78毫米，直链淀粉含量17.0%，达到国家《优质稻谷》标准2级。2009年、2010年两年长江上游中籼迟熟组区域试验平均亩产584.9千克，2011年生产试验，平均亩产615.0千克。该品种适宜在云南、贵州（武陵山区除外）的中低海拔籼稻区、四川平坝丘陵稻区、陕西南部稻区的稻瘟病轻发区作一季中稻种植。

70. 吉丰优1002

广东省农业科学院水稻研究所和广东省金稻种业有限公司选育的籼型三系杂交水稻，2017年被认定为超级稻品种。晚造全生育期平均121天，米质未达优质等级，整精米率57.5%～67.8%，垩白粒率28%～40%，垩白度4.2%～5.7%，直链淀粉含量22.0%，胶稠度44～84毫米，长宽比3.0～3.1，食味品质75～77分。高抗稻瘟病，全群抗性频率100%，对中B群、中C群的抗性频率分别为100%和100%，病圃鉴定叶瘟2.0～2.5级、穗瘟2.3～2.5级；感白叶枯病（Ⅳ型菌5～7级，Ⅴ型7级）。2011年晚造广东省区试平均亩产为494.95千克，2012年晚造复试，平均亩产为505.89千克。2012年晚造参加省生产试验，平均亩产552.06千克。该品种适宜在广东省中南和西南稻作区的平原地区种植。

71. 五优116

广东省现代农业集团有限公司和广东省农业科学院水稻研究所选育的籼型三系杂交水稻，2017年被认定为超级稻品种。晚造全生育期平均114天。米质鉴定为国标和省标优质3级，整精米率54.9%～57.6%，垩白粒率4%～20%，垩白度0.5%～2.7%，直链淀粉含量15.3%，胶稠度60～74毫米，长宽比2.8～2.9，食味品质81～85分。抗稻瘟病，全群抗性频率81.82%～83.9%，对中B群、中C群的抗性频率分别为68.42%～68.8%和100%，病圃鉴定叶瘟2.0～3.0级、穗瘟2.2～3.5级；高感白叶枯病（Ⅳ型菌7～9级，Ⅴ型7～9级）。2013年、2014年晚造参加省区试，平均亩产分别为475.55千克和545.36千克。2014年晚造参加省生产试验，平均亩产511.99千克。该品种适宜在广东省北部稻作区晚造和中北稻作区作早造、晚造种植。栽培上要特别注意防治白叶枯病。

72. 甬优2640

宁波市种子有限公司选育的籼粳交三系杂交水稻，2017年被认定为超级稻品种。全生育期平均141天。穗瘟损失率最高3级，稻瘟病综合抗性指数为3.25、病级3级，中抗稻瘟病（MR），感（S）纹枯病，对白叶枯病代表菌株浙173、PX079和JS49－6抗性表现均为3级、对KS－6－6抗性表现为5级。经莆田市瘟病抗性鉴定综合评价为中感稻瘟病。米质检测结果：糙米率82.2%，精米率73.8%，整精米率41.0%，粒长5.4毫米，长宽比2.2，垩白粒率10.0%，垩白度2.1%，透明度2级，碱消值6.4级，胶稠度78毫米，直链淀粉含量14.1%，蛋白质含量10.7%。2015年参加豫南粳稻区域试验，平均亩产666.6千克。2016年续试，平均亩产664.2千克；2017年参加豫南粳稻生产试验，平均亩产594.8千克。该品种适宜在河南省南部粳稻区种植。

73. 隆两优1988

袁隆平农业高科技股份有限公司和湖南亚华种业科学研究院选育的籼型两系杂交水稻，2018年被认定为超级稻品种。在华南作晚稻种植，全生育期平均118.0天。抗性：稻瘟病综合指数两年分别为5.4、2.3，穗瘟损失率最高7级；白叶枯病9级；褐飞虱9级；感稻瘟病，高感白叶枯病，高感褐飞虱，米质主要指标：整精米率62.1%，长宽比3.0，垩白粒率23.0%，垩白度4.1%，胶稠度70毫米，直链淀粉含量14.0%。在长江上游作中稻种植，全生育期平均154.6天。抗性：稻瘟病综合指数两年分别为5.0、3.0，穗瘟损失率最高7级；褐飞虱9级；感稻瘟病，高感褐飞虱；米质主要指标：整精米率63.1%，长宽比2.9，垩白粒率12.0%，垩白度2.8%，胶稠度87毫米，直链淀粉含量15.8%，达到国家《优质稻谷》标准3级。2015年、2016年两年华南晚籼组绿色通道区域试验平均亩产508.9千克，2016年生产试验，平均亩产494.5千克。2015年、2016年两年长江上游中籼迟熟组绿色通道区域试验平均亩产650.6千克；2016年生产试验，平均亩产616.8千克。该品种适宜在广东（粤北稻作区除外），福建南部，广西桂南和海南稻作区作晚稻种植。以及在云南和贵州（武陵山区除外）的中低海拔籼稻区、重庆（武陵山区除外）海拔800米以下稻区、四川平坝丘陵稻区、陕西南部稻瘟病轻发区作中稻种植，稻瘟病重发区不宜种植。

74. 深两优136

湖南大农种业科技有限公司选育的籼型两系杂交水稻，2018年被认定为超级稻品种。在长江中下游作一季中稻种植，全生育期平均138.5天。稻瘟病综合指数两年分别为5.9、5.6，穗瘟损失率最高9级；白叶枯病5级；褐飞虱9级；高感稻瘟病，中感白叶枯病，高感褐飞虱。米质主要指标：整精米率62.0%，长宽比3.1，垩白粒率23%，垩白度2.7%，胶稠度64毫米，直链淀粉含量15.2%，达到国家《优质稻谷》标准3级。2013年、2014年两年长江中下游中籼迟熟组区域试验平均亩产638.2千克，2015年生产试验平均亩产683.8千克。该品种适宜在江西、湖南（武陵山区除外）、湖北（武陵山区除外）、安徽、浙江、江苏的长江流域稻区以及福建北部、河南南部的稻瘟病轻发区作一季中稻种植。

75. 晶两优华占

袁隆平农业高科技股份有限公司选育的籼型两系杂交水稻，2018年被认定为超级稻品种。在长江中下游作一季中稻种植，全生育期平均138.5天。稻瘟病综合指数两年分别为2.1、2.7，穗瘟损失率最高3级；白叶枯病7级；褐飞虱7级；中抗稻瘟病，感白叶枯病，感褐飞虱。米质主要指标：整精米率66.4%，长宽比3.1，垩白粒率13%，垩白度3.0%，胶稠度81毫米，直链淀粉含量14.1%。在武陵山区作中稻种植全生育期150.0天。稻瘟病综合指数年度分别为1.8、1.6，穗瘟损失率最高1级，抗稻瘟病。耐冷性耐冷。米质主要指标：整精米率65.3%，长宽比3.1，垩白粒率12%，垩白度2.9%，胶稠度79毫米，直链淀粉含量15.0%，达到国家《优质稻谷》标准3级。2014年、2015年两年长江中下游中籼迟熟组绿色通道区域试验平均亩产713.1千克，2016年生产试验平均亩产603.0千克。2014年、2015年两年武陵山区中籼组区域试验平均亩产619.16千克。2016年生产试验平均亩产578.40千克。该品种适宜在江西、湖南（武陵山区除外）、湖北（武陵山区除外）、安徽、浙江、江苏的长江流域稻区以及福建北部、河南南部的稻瘟病轻发区作一季中稻种植。以及在贵州、湖南、湖北、重庆四省（市）所辖的武陵山区海拔800米以下稻区作一季中稻种植。

76. 五优369

湖南泰邦农业科技股份有限公司和广东省农业科学院水稻研究所选育的籼型三系杂交水稻，2018年被认定为超级稻品种。2017年参加桂中、桂北中熟组联合生产试验，早稻平均亩产520.2千克。晚稻平均亩产485.8千克。在桂中、桂北种植，全生育期早稻平均122.0天、晚稻平均107.6天。抗性：稻瘟病综合指数两年分别为5.5、4.5，穗瘟损失率最高7级，中感稻瘟病；（2017年早季、晚季）白叶枯病5～7级，中感至感白叶枯病。该品种适宜在广西中部、北部稻作区作早稻、晚稻种植，其他稻作区根据品种试验示范生育期选择适宜的种植季节。注意稻瘟病等病虫害的防治。

77. 内香6优9号

四川省农业科学院水稻高粱研究所选育的籼型三系杂交水稻，2018年被认定为超级稻品种。在长江上游作一季中稻种植，全生育期平均155.9

天。稻瘟病综合指数4.5，穗瘟损失率最高7级；褐飞虱9级；抽穗期耐热性中等；感稻瘟病，高感褐飞虱。米质主要指标：整精米率47.2%，长宽比2.7，垩白粒率52%，垩白度10.2%，胶稠度77毫米，直链淀粉含量21.1%。2012年、2013年两年长江上游中籼迟熟组区域试验平均亩产618.4千克。2014年生产试验，平均亩产612.2千克。该品种适宜在云南、贵州（武陵山区除外）、重庆（武陵山区除外）的中低海拔籼稻区、四川平坝丘陵稻区、陕西南部稻区作一季中稻种植。

78. 蜀优217

四川农业大学水稻研究所选育的籼型三系杂交水稻，2018年被认定为超级稻品种。在长江上游作一季中稻种植，全生育期平均155.4天。稻瘟病综合指数5.0，穗瘟损失率最高7级；褐飞虱9级；抽穗期耐热性中等；感稻瘟病，高感褐飞虱。整精米率62.9%，长宽比3.1，垩白粒率46%，垩白度7.1%，胶稠度63毫米，直链淀粉含量21.4%。2012年、2013年两年长江上游中籼迟熟组区域试验平均亩产624.2千克，2014年生产试验平均亩产618.1千克。该品种适宜在云南、贵州（武陵山区除外）、重庆（武陵山区除外）的中低海拔籼稻区、四川平坝丘陵稻区、陕西南部稻区作一季中稻种植，稻瘟病重发区不宜种植。

79. 泸优727

四川省农业科学院水稻高粱研究所和四川省农业科学院作物研究所选育的籼型三系杂交水稻，2018年被认定为超级稻品种。在长江上游作一季中稻种植，全生育期平均157.6天。稻瘟病综合指数两年分别为3.9、3.5，穗瘟损失率最高7级；褐飞虱9级；抽穗期耐热性表现为敏感；感稻瘟病，高感褐飞虱。米质主要指标：整精米率54.6%，长宽比3.0，垩白粒率35%，垩白度5.6%，胶稠度73毫米，直链淀粉含量21.1%。2013年、2014年两年长江上游中籼迟熟组区域试验平均亩产627.5千克，2015年生产试验，平均亩产623.0千克。该品种适宜在云南和贵州（武陵山区除外）的中低海拔籼稻区、重庆（武陵山区除外）海拔800米以下稻区、四川平坝丘陵稻区、陕西南部作一季中稻种植。

80. 吉优 615

广东省农业科学院水稻研究所和广东省金稻种业有限公司选育的籼型三系杂交水稻，2018 年被认定为超级稻品种。晚造平均全生育期 110 天。米质鉴定为国标和省标优质 3 级，整精米率 49.7%～58.0%，垩白粒率 11%～39%，垩白度 2.6%～5.6%，直链淀粉含量 20.3%～22.1%，胶稠度 50～54 毫米，长宽比 3.2～3.3，食味品质 70～78 分。抗稻瘟病，全群抗性频率 96.8%～100%，对中 B 群、中 C 群的抗性频率分别为 93.8%～100%和 100%，病圃鉴定叶瘟 1.8～2.3 级、穗瘟 2.5～3.0 级；高感白叶枯病（Ⅳ型菌 7～9 级，Ⅴ型 7～9 级）。2013 年、2014 年晚造参加省区试，平均亩产分别为 470.48 千克和 525.50 千克，2014 年晚造参加省生产试验，平均亩产 522.36 千克，适宜在广东省中北稻作区的平原地区早造、晚造种植。

81. 五优 1179

国家植物航天育种工程技术研究中心（华南农业大学）选育的籼型三系杂交水稻，2018 年被认定为超级稻品种。早造全生育期平均 123.5 天。米质未达优质等级，整精米率 28.3%～32.4%，垩白粒率 11%～13%，垩白度 2.3%～3.4%，直链淀粉含量 13.6%～15.6%，胶稠度 80～90 毫米，长宽比 2.7～2.8，食味品质 76～78 分。抗稻瘟病，全群抗性频率 91.18%～100%，对中 B 群、中 C 群的抗性频率分别为 84.21%～100%和 100%，病圃鉴定叶瘟 2.0～2.5 级、穗瘟 3.0～3.5 级；高感白叶枯病（Ⅳ型菌 5～9 级、Ⅴ型菌 7～9 级）。2013 年早造参加省区试，平均亩产 477.19 千克，2014 年早造复试，平均亩产 512.03 千克，2014 年早造参加省生产试验，平均亩产 494.35 千克，适宜在广东省稻区早造、晚造种植。

82. 甬优 1540

宁波市农业科学研究院作物研究所和宁波市种子有限公司选育的籼粳交三系杂交水稻，2018 年被认定为超级稻品种。在长江中下游作单季晚稻种植，全生育期平均151.0天。稻瘟病综合指数5.6，穗瘟损失率最高9级；白叶枯病5级；褐飞虱9级；高感稻瘟病，中感白叶枯病，高感褐飞虱。整精米率70.2%，长宽比2.3，垩白粒率18%，垩白度3.0%，胶稠度75毫米，直链淀粉含量14.3%。2012年、2013年两年长江中下游单季晚粳组区域试验平均亩产714.8千克。2014年生产试验平均亩产683.7千克。该品种适宜在浙江、上海、江苏南部、湖北粳稻区作单季晚稻种植，稻瘟病常发区不宜种植。

83. 深两优862

江苏明天种业科技有限公司等选育的籼型两系杂交水稻，2019年被认定为超级稻品种。在长江中下游作一季中稻种植，全生育期平均134.0天。稻瘟病综合指数4.7，穗瘟损失率最高7级；白叶枯病5级；褐飞虱7级；抽穗期耐热性较强；感稻瘟病，中感白叶枯病，感褐飞虱。米质主要指标：整精米率53.5%，长宽比3.2，垩白粒率14%，垩白度1.9%，胶稠度76毫米，直链淀粉含量11.5%。2012年、2013年两年长江中下游中籼迟熟组区域试验平均亩产630.0千克；2014年生产试验，平均亩产607.9千克。该品种适宜在江西、湖南（武陵山区除外）、湖北（武陵山区除外）、安徽、浙江、江苏的长江流域稻区以及福建北部、河南南部稻区作一季中稻种植。稻瘟病重发区不宜种植。

84. 隆两优1308

袁隆平农业高科技股份有限公司等选育的籼型两系杂交水稻，2019年被认定为超级稻品种。在长江中下游作一季中稻种植，全生育期平均137.2天。稻瘟病综合指数两年分别为3.0、1.7，穗瘟损失率最高3级；白叶枯病5级；褐飞虱9级；中抗稻瘟病，中感白叶枯病，高感褐飞虱；米质主要指标：整精米率61.4%，长宽比3.1，垩白粒率10%，垩白度2.6%，胶稠度63毫米，直链淀粉含量13.5%。2015年、2016年两年长江中下游中籼迟熟组绿色通道区域试验平均亩产653.6千克；2016年生产试验，平均亩产597.2千克。该品种适宜在江西、湖南（武陵山区除外）、湖北（武陵山区除外）、安徽、浙江、江苏的长江流域稻区以及福建北部、河南南部等稻作区作一季稻种植。稻瘟病常发区注意防治稻瘟病。

85. 隆两优 1377

袁隆平农业高科技股份有限公司等选育的籼型两系杂交水稻，2019 年被认定为超级稻品种。在长江上游作中稻种植，全生育期 155.1 天。稻瘟病综合指数两年分别为 3.8、1.6，穗瘟损失率最高 5 级；褐飞虱 9 级；中感稻瘟病，高感褐飞虱；米质主要指标：整精米率 63.4%，长宽比 3.0，垩白粒率 13.0%，垩白度 2.4%，胶稠度 76 毫米，直链淀粉含量 16.5%，达到国家《优质稻谷》标准 2 级。在长江中下游作一季中稻种植，全生育期平均 142.1 天。稻瘟病综合指数两年分别为 2.8、2.7，穗瘟损失率最高 5 级；白叶枯病 5 级；褐飞虱 9 级；中感稻瘟病，中感白叶枯病，高感褐飞虱。米质主要指标：整精米率 63.2%，长宽比 3.1，垩白粒率 5%，垩白度 0.6%，胶稠度 84 毫米，直链淀粉含量 15.1%，达到国家《优质稻谷》标准 3 级。在华南作晚稻种植，全生育期平均 119.5 天。稻瘟病综合指数两年分别为 3.4、2.3，穗瘟损失率最高 3 级；白叶枯病 7 级；褐飞虱 9 级；中抗稻瘟病，感白叶枯病，高感褐飞虱。米质主要指标：整精米率 66.2%，长宽比 3.1，垩白粒率 22.3%，垩白度 5.0%，胶稠度 70 毫米，直链淀粉含量 14.1%。2015 年、2016 年两年长江上游中籼迟熟组绿色通道区域试验平均亩产 655.2 千克，2016 年生产试验平均亩产 626.9 千克。2015 年、2016 年两年长江中下游中籼迟熟组区域试验平均亩产 657.1 千克，2016 年生产试验平均亩产 589.9 千克。2015 年、2016 年两年华南晚籼组绿色通道区域试验平均亩产 491.3 千克，2016 年生产试验平均亩产 472.1 千克。该品种适宜在广东（粤北稻作区除外）、福建南部、广西桂南和海南稻作区作晚稻种植，还适宜在湖北省（武陵山区除外）、湖南省（武陵山区除外）、江西省、安徽省、江苏省的长江流域稻区以及浙江省中稻区、福建省北部稻区、河南省南部稻区作一季中稻种植，以及适宜在云南和贵州（武陵山区除外）的中低海拔籼稻区、重庆（武陵山区除外）海拔800米以下稻区、四川平坝丘陵稻区、陕西南部稻瘟病轻发区作中稻种植。稻瘟病常发区注意防治稻瘟病。

86. 和两优713

广西恒茂农业科技有限公司选育的籼型两系杂交水稻，2019年被认定为超级稻品种。在华南作双季晚稻种植，全生育期平均114.3天。稻瘟病综合指数两年分别为3.7、2.0，穗瘟损失率最高3级；白叶枯病5级；褐飞虱9级；中抗稻瘟病，中感白叶枯病，高感褐飞虱。米质主要指标：整精米率68.3%，长宽比3.0，垩白粒率12%，垩白度1.0%，胶稠度72毫米，直链淀粉含量14.5%。2015年、2016年两年华南感光晚籼组区域试验平均亩产497.1千克，2016年生产试验平均亩产502.3千克。该品种适宜在广东省（粤北稻作区除外）、广西桂南、海南省、福建省南部的双季稻区作晚稻种植。

87. Y两优957

创世纪种业有限公司和湖南袁创超级稻技术有限公司选育的籼型两系杂交水稻，2019年被认定为超级稻品种。在长江中下游作一季中稻种植，全生育期平均143.4天。稻瘟病综合指数两年分别为5.1、4.1，穗瘟损失率最高9级；白叶枯病5级；褐飞虱9级；高感稻瘟病，中感白叶枯病，高感褐飞虱。米质主要指标：整精米率60.7%，长宽比3.0，垩白粒率8%，垩白度1.2%，胶稠度80毫米，直链淀粉含量16.3%，达到国家《优质稻谷》标准2级。2014年、2015年两年长江中下游中籼迟熟组区域试验平均亩产641.2千克，2016年生产试验平均亩产591.4千克。该品种适宜在湖北省（武陵山区除外）、湖南省（武陵山区除外）、江西省、安徽省、江苏省的长江流域稻区以及浙江省中稻区、福建省北部稻区、河南省南部稻区作一季中稻种植。

88. 隆两优1212

袁隆平农业高科技股份有限公司等选育的籼型两系杂交水稻，2019年被认定为超级稻品种。在长江中下游作一季中稻种植，全生育期平均

140.4 天。稻瘟病综合指数两年分别为 2.9、3.1，穗瘟损失率最高 5 级；白叶枯病 5 级；褐飞虱 9 级；中感稻瘟病，中感白叶枯病，高感褐飞虱。米质主要指标：整精米率 62.2%，长宽比 3.1，垩白粒率 8%，垩白度 0.9%，胶稠度 85 毫米，直链淀粉含量 15.0%，达到国家《优质稻谷》标准 3 级。在武陵山区作中稻种植，全生育期平均 149.1 天。稻瘟病综合指数两年分别为 1.8、1.8，穗瘟损失率最高 1 级，抗稻瘟病。耐冷性：中感。米质主要指标：整精米率 66.5%，长宽比 3.1，垩白粒率 12%，垩白度 3.8%，胶稠度 58 毫米，直链淀粉含量 15.5%，达到国家《优质稻谷》标准 3 级。2015 年、2016 年两年长江中下游中籼迟熟组区域试验平均亩产 660.8 千克，2016 年生产试验平均亩产 654.1 千克。2015 年、2016 年两年武陵山区中籼组区域试验平均亩产 655.41 千克，2016 年生产试验平均亩产 585.89 千克。该品种适宜在湖北省（武陵山区除外）、湖南省（武陵山区除外）、江西省、安徽省、江苏省的长江流域稻区以及浙江省中稻区、福建省北部稻区、河南省南部稻区作一季中稻种植。适宜在贵州、湖南、湖北、重庆四省（市）所辖的武陵山区海拔 800 米以下稻区作一季中稻种植。

89. 晶两优 1212

袁隆平农业高科技股份有限公司等选育的籼型两系杂交水稻，2019 年被认定为超级稻品种。在长江上游作一季中稻种植，全生育期平均 153.7 天。稻瘟病综合指数两年分别为 2.7、2.5，穗颈瘟损失率最高 3 级；褐飞虱 9 级；中抗稻瘟病，高感褐飞虱，抽穗期耐热性较强，耐冷性中等。米质主要指标：整精米率 68.4%，垩白粒率 10%，垩白度 2.7%，直链淀粉含量 15.2%，胶稠度 63 毫米，长宽比 2.9，达到农业行业《食用稻品种品质》标准 2 级。在长江中下游作一季中稻种植，全生育期平均 133.3 天。稻瘟病综合指数两年分别为 3.1、3.0，穗颈瘟损失率最高 3 级，中抗稻瘟病，感白叶枯病，高感褐飞虱，抽穗期耐热性中等，米质主要指标：整精米率 60.8%，垩白粒率 11%，垩白度 3.0%，直链淀粉含量 13.7%，胶稠度73毫米，长宽比3.2，达到农业行业《食用稻品种品质》标准2级。2016年、2017年两年长江上游中籼迟熟组区域试验平均亩产622.51千克，2017年生产试验平均亩产621.66千克。2016年、2017年两年长江中下游中籼迟熟组区域试验平均亩产612.10千克，2017年生产试验平均亩产600.24千克。该品种适宜在四川省平坝丘陵稻区、贵州省（武陵山区除外）、云南省的中低海拔籼稻区、重庆市（武陵山区除外）海拔800米以下地区、陕西省南部稻区作一季中稻种植，还适宜在湖北省（武陵山区除外）、湖南省（武陵山区除外）、江西省、安徽省、江苏省的长江流域稻区以及浙江省中稻区、福建省北部稻区、河南省南部稻区作一季中稻种植。

90. 华浙优1号

中国水稻研究所和浙江勿忘农种业股份有限公司选育的籼型三系杂交水稻，2019年被认定为超级稻品种。在长江中下游作一季中稻种植，全生育期平均136.5天。稻瘟病综合指数两年都是4.4，穗颈瘟损失率最高9级，高感稻瘟病，高感白叶枯病，高感褐飞虱，抽穗期耐热性较强，米质主要指标：整精米率63.4%，垩白粒率14%，垩白度1.7%，直链淀粉含量14.7%，胶稠度70毫米，长宽比3.0，达到农业行业《食用稻品种品质》标准3级。2016年、2017年两年长江中下游中籼迟熟组区域试验平均亩产615.6千克，2017年生产试验平均亩产609.1千克。该品种适宜在湖北省（武陵山区除外）、湖南省（武陵山区除外）、江西省、安徽省、江苏省的长江流域稻区以及浙江省中稻区、福建省北部稻区、河南省南部稻区的稻瘟病轻发区作一季中稻种植，稻瘟病重发区不宜种植。

91. 万太优3158

广西壮族自治区农业科学院水稻研究所选育的籼型三系杂交水稻，2019年被认定为超级稻品种。在桂南作早稻种植，全生育期平均120.1天。稻瘟病抗性综合指数两年都是4.8，穗瘟损失率最高5级，白叶枯病5～9级；中感稻瘟病、中感至高感白叶枯病。米质主要指标：糙米率

81.1%，整精米率55.6%，垩白度0.5%，垩白粒率8%，长宽比3.4，透明度2级，碱消值4.8级，胶稠度78毫米，直链淀粉含量13.3%。2016年、2017年两年桂南早稻迟熟组区域试验平均亩产568.7千克；2017年生产试验，平均亩产535.6千克。该品种适宜在广西桂南稻作区作早稻种植，其他稻作区根据品种试验示范生育期选择适宜的种植季节。注意稻瘟病等病虫害的防治。

92. 晶两优1988

袁隆平农业高科技股份有限公司选育的籼型两系杂交水稻品种，2020年被认定为超级稻品种。在长江中下游作一季中稻种植，全生育期平均135.8天。抗性：稻瘟病综合指数2.6级，穗颈瘟损失率最高3级，中抗稻瘟病，感白叶枯病，高感褐飞虱，抽穗期耐热性较强，米质主要指标：整精米率70.1%，垩白粒率17%，垩白度4.3%，直链淀粉含量14.8%，胶稠度71毫米，长宽比3.1。在华南作双季晚稻种植，全生育期平均117.4天。抗性：稻瘟病综合指数两年分别为3.3、3.9，穗颈瘟损失率最高3级，白叶枯病7级，褐飞虱9级；中抗稻瘟病，感白叶枯病，高感褐飞虱。米质主要指标：整精米率57.8%，垩白粒率15%，垩白度3.3%，直链淀粉含量15.8%，胶稠度60毫米，长宽比3.1。2016年、2017年两年长江中下游中籼迟熟组区域试验平均亩产632.97千克；2017年生产试验，平均亩产647.27千克。2017年、2018年两年华南感光晚籼组区域试验平均亩产493.89千克；2018年生产试验，平均亩产476.73千克。该品种适宜在湖北省（武陵山区除外）、湖南省（武陵山区除外）、江西省、安徽省、江苏省的长江流域稻区以及浙江省中稻区、福建省北部稻区、河南省南部稻区作一季中稻种植；还适宜在广东省（粤北稻作区除外）、广西桂南、海南省、福建省南部的双季稻区的白叶枯病轻发区作晚稻种植。

93. 嘉丰优2号

浙江可得丰种业有限公司和嘉兴市农业科学研究院选育的籼型三系杂交水稻，2020年被认定为超级稻品种。2015年、2016年两年浙江省单季杂交籼稻区试平均亩产673.5千克，2016年同步参加省生产试验平均亩产667.8千克。两年省区试全生育期平均144.7天。经浙江省农业科学院2015—2016年抗性鉴定，穗瘟损失率最高1级，综合指数2.3；白叶枯病最高7级；褐飞虱最高9级。经农业农村部稻米及制品质量监督检测中心2015—2016年检测，平均整精米率64.1%，长宽比2.7，垩白粒率9%，垩白度0.8%，透明度2级，碱消值6.3级，胶稠度78毫米，直链淀粉含量15.1%，米质各项指标综合评价连续两年均为食用稻品种品质部颁2等。该品种适宜在浙江省稻区作单季籼稻种植。

94. 华浙优71

中国水稻研究所和浙江勿忘农种业股份有限公司选育的籼型三系杂交水稻，2020年被认定为超级稻品种。2015年、2016年两年浙江省单季杂交籼稻区试平均亩产631.3千克，2016年同步参加省生产试验平均亩产589.8千克。两年省区试全生育期平均136.9天。经浙江省农业科学院2015—2016年抗性鉴定，穗瘟损失率最高5级，综合指数4.5；白叶枯病最高9级；褐飞虱最高9级。经农业农村部稻米及制品质量监督检测中心2015—2016年检测，平均整精米率62.9%，长宽比2.9，垩白粒率18%，垩白度2.9%，透明度2级，碱消值5.5级，胶稠度86毫米，直链淀粉含量15.3%，米质各项指标综合评价连续两年均为食用稻品种品质部颁3等。该品种适宜在浙江省作单季籼稻种植，也可在广西桂中、桂北稻作区作早稻或中稻，高寒山区作中稻，桂南稻作区作早稻、晚稻种植。

95. 福农优676

福建省农业科学院水稻研究所和福建禾丰种业有限公司选育的籼型三系杂交水稻，2020年被认定为超级稻品种。全生育期平均144.0天。两年稻瘟病抗性鉴定综合评价为中感稻瘟病。米质检测结果：糙米率79.3%，整精米率62.1%，垩白度1.5%，透明度1级，碱消值5.4级，胶稠度86毫米，直链淀粉含量16.0%。2016年、2017年两年区试平均亩产648.81千克。2017年参加福建省中稻生产试验，平均亩产597.34千克。该品种适宜在福建省作中稻种植。

96. 龙丰优826

广西农业科学院水稻研究所选育的籼型三系杂交水稻，2020年被认定为超级稻品种。全生育期平均115.4天。稻瘟病综合指数两年分别为3.0、5.8，穗瘟损失率最高7级；白叶枯病9级；感稻瘟病、高感白叶枯病。米质主要指标：糙米率81.5%，整精米率62.7%，长宽比3.0，垩白粒率13 %，垩白度1.5%，透明度1级，碱消值6.9级，胶稠度80毫米，直链淀粉含量15.6%，达到农业农村部《食用稻品种品质》标准2级。2015年、2016年两年广西晚籼组区域试验平均亩产521.4千克；2016年生产试验，平均亩产496.4千克。在桂南稻作区和桂中稻作区适宜种植感光型品种的地区作晚稻种植。

97. 泰优871

江西农业大学农学院和广东省农业科学院水稻研究所选育的籼型三系杂交水稻，2020年被认定为超级稻品种。全生育期平均121.4天。出糙率81.7%，精米率70.0%，整精米率64.5%，粒长7.6毫米，长宽比4.0，垩白粒率11%，垩白度2.7%，直链淀粉含量16.3%，胶稠度60毫米。米质达国优2级。稻瘟病抗性自然诱发鉴定：穗颈瘟为9级，高感稻瘟病；稻瘟病抗性综合指数4.6。2014年、2015年参加江西省水稻区试，两年平均亩产594.88千克。该品种适宜在江西省种植。

98. 旌优华珍

四川绿丹至诚种业有限公司和四川省农业科学院水稻高粱研究所选育的籼型三系杂交水稻，2020年被认定为超级稻品种。在长江上游作一季中稻种植，全生育期平均158.4天。稻瘟病综合指数两年分别为5.1、5.8，穗瘟损失率最高7级；褐飞虱9级；感稻瘟病，高感褐飞虱。米质主要指标：整精米率60.8%，长宽比3.2，垩白粒率14%，垩白度1.2%，胶稠度88毫米，直链淀粉含量18.3%，达到国家《优质稻谷》标准2级。2014年、2015年两年长江上游中籼迟熟组区域试验平均亩产624.3千克。

2016年生产试验平均亩产605.4千克。该品种适宜在四川省平坝丘陵稻区、贵州省（武陵山区除外）、云南省的中低海拔籼稻区、重庆市（武陵山区除外）海拔800米以下地区、陕西省南部稻区作一季中稻种植。

99. 龙丰优826

广西农业科学院水稻研究所选育的籼型三系杂交水稻，2020年被认定为超级稻品种。全生育期平均115.4天。稻瘟病综合指数两年分别为3.0、5.8，穗瘟损失率最高7级；白叶枯病9级；感稻瘟病、高感白叶枯病。米质主要指标：糙米率81.5%，整精米率62.7%，长宽比3.0级，垩白粒率13%，垩白度1.5%，透明度1级，碱消值6.9级，胶稠度80毫米，直链淀粉含量15.6%，达到农业农村部《食用稻品种品质》标准2级。2015年、2016年两年广西晚籼组区域试验平均亩产521.4千克；2016年生产试验，平均亩产496.4千克。在桂南稻作区和桂中稻作区适宜种植感光型品种的地区作晚稻种植。

100. 甬优7850

宁波市种子有限公司选育的籼粳交三系杂交水稻，2020年被认定为超级稻品种。在长江上游作一季中稻种植，全生育期平均158.4天，稻瘟病综合指数两年分别为5.1、5.8，穗瘟损失率最高7级；褐飞虱9级；感稻瘟病，高感褐飞虱。米质主要指标：整精米率60.8%，长宽比3.2，垩白粒率14%，垩白度1.2%，胶稠度88毫米，直链淀粉含量18.3%，达到国家《优质稻谷》标准2级。2014年、2015年两年长江上游中籼迟熟组区域试验平均亩产624.3千克；2016年生产试验平均亩产605.4千克。该品种适宜在四川省平坝丘陵稻区、贵州省（武陵山区除外）、云南省的中低海拔籼稻区、重庆市（武陵山区除外）海拔800米以下地区、陕西省南部稻区作一季中稻种植。还适宜在桂中、桂北稻作区作早稻或中稻种植，高寒山区作中稻种植。

第三章 超级杂交稻壮秧培育技术

一、培育壮秧的作用及壮秧的标准

水稻育秧移栽在我国已有1800多年的历史，目前仍是我国水稻栽培的有效形式之一。培育壮秧是水稻高产栽培的基础，俗话说“秧好一半稻”，只有育好数量足、质量好的壮秧，才能在“源头”上争取主动，充分发挥个体优势和整体水平夺高产。

1. 壮秧的作用

（1）以蘖代苗，节省用种。壮秧基本上按叶蘖同伸规律分蘖，秧田分蘖多，而秧田具有2叶1心以上的大分蘖，移栽后可以与母茎一样分蘖成穗，以蘖代苗，减少每亩本田的用种量，节本效果更明显。

（2）生理活性高，有利于早发。壮秧的生理活性高，移栽到大田后抗逆性强、叶片枯死率低、发根力强、返青快、分蘖早，有明显的早发优势，而且可以促进早熟，有利于争取季节。

（3）有利于高产群体的形成。培育壮秧是构建高产群体的基础，壮秧的秧田分蘖多，栽后又能早生快发，因而低节位分蘖多、分蘖早，这不仅有利于保证足够的穗数，而且有利于大穗的形成，每穗粒数多，有利于光合产物的生产及向穗部的运转，提高干物质生产量和经济系数，形成一个“前期发得起、中期稳得住、后期不早衰”的高产群体。

壮秧的标准因育秧方式、秧龄长短、品种类型而不同。

2. 壮秧的指标

（1）形态指标。壮秧在形态上有四项要求：一是叶片宽大挺健、不软弱披垂，叶鞘较短、苗茎（假茎）粗扁，即所谓“扁蒲秧”；二是叶色青绿、不浓不淡，无虫伤、病斑，绿叶多、枯黄叶少；三是根系发达、短白根多；四是秧苗生长整齐、瘦苗弱苗极少，苗体有韧性、长势旺盛。

（2）生理指标。一是光合能力强，体内贮藏的营养物质丰富，充实度（干物重/苗高）高，百株干物重大，一般小苗在5克以上，大苗在7克以上；二是碳氮比（C/N）协调，植株体内的碳水化合物和氮化合物都高，既不因含碳高而老化，也不因含氮过多而嫩弱，C/N比一般以大苗14左右、中苗10左右为宜；三是秧苗的束缚水含量较高、自由水含量较低，有利于栽后的水分平衡，提高秧苗的抗逆性，一般要求叶片的束缚水含量在30%以上。

（3）栽后生长特性指标。一是栽后发根力强，壮秧的茎基（假茎）粗扁、根原基数量多、体内碳水化合物绝对含量高、细胞增殖速度快、发根力强；二是植伤率低，壮秧短白根多，根系吸收功能恢复快，苗体内营养物质贮藏丰富，束缚水含量高，栽后对烈日高温或阴雨低温等不良环境条件的抵抗能力强，栽后返青快、分蘖早。

二、种子处理与浸种催芽

1. 晒种

晒种能增强种子的通透性和吸水能力，增强酶的活性，从而提高种子发芽率和发芽势，一般能使发芽率提高2%～5%。通常在播种前5～7天选晴天进行晒种，轻晒1天。

2. 选种

选种是为了清除秕谷、病粒、草籽、杂物，选出饱满、整齐、纯净的种子，以培育壮秧和减少杂草。现在由种子公司出售的商品种子都已经过了精选机精选，虽然其纯度、净度和发芽率都达到了一定的标准，但进行清水洗种、选种仍有必要。杂交种子有其特殊性，不提倡用盐水选种，在清水浸泡12小时左右后，将沉入水底的饱满粒和悬在水上的秕粒分开浸种、消毒、催芽，以后分开播种、分级管理，可以节省杂交稻用种。

3. 种子消毒

水稻许多病虫害如稻瘟病、恶苗病、白叶枯病、干尖线虫病都是通过种子带病传播的，因此，做好种子消毒工作十分重要。

4. 浸种

水稻种子一般要吸到自身重25%左右的水量才能发芽，因此，为促进发芽出苗整齐一致，一定要使种子浸到足够的时间，以使种子吸足水分。浸种时间与温度、品种及育秧方法等都有很大的关系，温度高浸种时间短，温度低则浸种时间长；旱育秧浸种时间可长，湿润育秧时间可短些。杂交稻种在浸种时呼吸强度大，排出的二氧化碳多，要注意勤换水，或使用流水浸种，或采用“三起三落”的方式。种子吸足水分的特征是：谷壳半透明，腹白分明可见，胚部膨大。一般温度 10 ℃时需浸 72 小时，20 ℃时需浸 48 小时，30 ℃时只需浸 24 小时，才能达到发芽所需要的水分。

（1）温汤浸种。这是防治干尖线虫病的有效办法。先把种子放入清水中浸 24 小时，然后移浸于 45 ℃～47 ℃的温水中预热 5 分钟，再改浸于 50 ℃～52 ℃的温汤中 10 分钟杀死线虫，然后放入冷水中继续浸种，直到达到发芽要求为止。此法还可杀死稻瘟病、恶苗病等病原体。

（2）强氯精浸种。先将种子预浸 12～24 小时，然后用 250～300 倍的强氯精液浸种 12 小时，清水洗净后继续浸种或催芽，对各种病害都有很好的防治效果。

（3）克菌康浸种。先将种子间歇浸水，最后用 3%的克菌康可湿性粉剂 300～400 倍液浸 10～12 小时，浸后洗净催芽。

（4）石灰水浸种。用 1%的石灰水清液浸种，注意浸种时不要破坏水面上的石灰膜，同时，水深要高出种子 3 厘米以上，对各种病害都有很好的防治效果。

5. 催芽

催芽可使出苗整齐，防止烂种，早稻播种期间气温低，更要催芽。一般种子在 50 ℃温水中预热 5～10 分钟，再起水沥干，密封保温，温度控制在30 ℃～35 ℃，露白后天气好即可播种，天气不好可在25 ℃～30 ℃条件下促进齐根，然后摊开炼芽，保持一定的温度和湿度，一般芽长不超过谷粒的1/2，根长不超过谷粒长。要特别注意防止高温“烧包”伤芽。中、晚稻浸种期间的水温、气温都比较高，日平均气温达25 ℃以上，可在室温条件下通过“三起三落”的方式边浸种、边自然发芽，简便可行、效果好。

三、超级杂交稻的育秧技术

超级稻的育秧技术主要有两种方式，一种是利用塑料软盘半旱式育秧，培育适合强化栽培体系要求的乳苗或小苗秧；另一种是利用湿润秧田常规稀播育多蘖壮秧方式，培育中苗或大苗秧拔秧移栽。

1. 培育适合强化栽培体系要求的乳苗或小苗秧的塑盘育秧方式

塑料软盘秧具有省种、省秧田、省肥、省水、省农膜、省工和增产等多种效果，除特别有利于抛秧外，培育适于强化栽培的乳苗或小苗带土浅栽也是最理想的途径。其操作环节如下：

（1）制备营养土。选择掺放了腐熟有机肥的肥沃菜园土或无杂草碎屑的肥泥作营养土，或掺入总土重1.5%的壮苗剂，力求养分均匀而全面，每个软盘需干细土1.5千克或肥泥2.0千克。一般旱土（或红黄土）的有效养分不足，直接作营养土会导致秧苗黄瘦，应补充速效养分，如磷、钾、尿素可以分别按土重的0.5%、0.2%、0.1%掺入作种肥，复合肥可用到0.3%，固态肥在土中移动扩散性小，应将化肥先兑水溶解稀释后再均匀喷入土中拌和，以防止肥害损伤种苗。低温情况下每100千克土还应用噁霉灵10克兑水15千克进行消毒。

（2）整理旱秧床。选择背风向阳、土壤肥沃、爽水性好、排灌方便的菜地或冬前翻耕烤坯的稻田作高标准旱秧床（或半旱秧床），按本田面积的1/40备足秧田。按1.8米一厢开沟，厢面宽1.45米，沟宽0.35米，深0.2米，厢长根据田形而定，四周有围沟，起畦后将表土层耙碎灭茬，灌水（或浇水）耙平后，铺一层泥浆，略施面肥，耥平压平厢面。

（3）播种摆盘。目前流行的育秧塑料软盘规格为60厘米×33厘米×1.8厘米，每盘353孔，每亩大田宜用35个左右。有直接将软盘摆到秧厢上然后播种和先将软盘播好种然后再摆盘到秧厢上两种方式。实践中以后一方式为多，其具体操作如下：在秧田附近的路旁或敞棚地面摆上软盘，盘孔内装有不超过孔深2/3的营养土垫底（干土则必须浇透水），每孔播种1～2粒种谷（种谷为破胸芽谷，根芽不长于1.5毫米），每亩用种量0.5千克左右，可采用超级稻播种器提高工效，减轻劳动强度。播后再将营养土（或调成稀泥浆）盖平盘面不露籽，抹去高于盘面的泥土并喷湿秧盘。然后摆放秧盘，秧盘之间相互衔接靠拢，秧盘底要与床面稀泥层紧密接触，防止吊气脱水死苗。

（4）覆膜保种护苗。播后搭架覆盖农膜，可以保湿、防寒、防雨打、防鼠、防雀，但应注意防止产生高脚苗和高温灼死苗，要及时揭膜降温、炼苗。

（5）苗床管理。管理要点是“以水控苗、以肥促根、以根促蘖”，全苗前以厢面湿润为主，1叶1心时追清粪水一次，1.5叶时浇（可用洒水设备淋洒）1%尿素液1次作“断奶肥”，每亩用量1.5千克（注：如果“壮秧剂”中不含多效唑，或矮化效果不明显的，在叶面水分干后，每亩用有效成分15%的多效唑可湿性粉剂150克兑水75～100千克均匀喷施一次）。阴雨天多应注意控水防渍，早晚叶不卷筒、盘面不变白不浇水；播后遇晴天高温及时揭膜降温，围沟灌水，厢面湿润，1.5～2.1叶期应视情况撤膜。移栽前2天轻施“起身肥”（每亩用尿素2.5千克，兑水300～400千克浇泼秧苗），有利于分蘖。

2. 培育大苗（或中苗）的常规育秧方式

采用湿润育秧是目前应用最广的育秧方式，它介于水育秧与旱育秧之间，也称半旱式育秧。其特点是干耕干整水耥平做成上糊下松的通气秧田，在播种至扎根立苗前，秧田保持土壤湿润通气以利于根系生长发育，扎根后至3叶期采用浅水勤灌，结合排水露田，3叶期后灌水上畦，浅水灌溉，改变传统水育秧水播水育的习惯。其优点：一是土壤通气性较水育秧好，有利于根系生长的发育，可以大大提高成秧率；二是可以提高秧苗素质，促进栽后早生快发；三是可提高秧苗的抗逆性，减少烂秧。

一季中稻或一季晚稻育秧期间温度较高，秧苗生长速度快，秧田管理应抓好以下几个环节：

（1）加强水分调控。播种后到1叶1心期保持畦面无水而沟中有水，以防“高温煮芽”，但若遇大雨天气，为防雨水将种谷打散，也可短期将畦面灌满水，雨后立即排干，1叶1心到2叶1心期仍保持沟中有水，畦面不开裂不灌水上畦，开裂则灌“跑马水”上畦，3叶期后灌浅水上畦，以后浅水勤灌促进分蘖，遇高温天气，在条件允许时也可日灌夜排降温。

（2）及时追肥。1叶1心期追施断奶肥，4～5叶期施1次接力肥，移栽前3～5天施送嫁肥，每次施肥量不宜过多，以防徒长，以每亩秧田施尿素和氯化钾各3～4千克为宜。

（3）控长促蘖。一般没有用烯效唑浸种的，都要在1叶1心期每亩秧田用15％多效唑200克兑水100千克喷施控苗促蘖；已用烯效唑浸种的，若秧龄将超过30天也可在3叶1心期再喷1次多效唑。

（4）间苗匀苗。2叶1心期要进行1次间苗匀苗，移密补稀，促进秧苗个体生长均匀。

（5）病虫害防治。中稻、晚稻秧田期病虫害的防治对象，重点是稻蓟马、稻飞虱、稻叶蝉、稻纵卷叶螟、二化螟、稻瘟病等，个别稻区有稻蚊瘿、稻潜叶蝇等危害。注意使用对口农药及时喷杀，杀灭稻蓟马要4～5天施一次药，移栽前2天要施一次“送嫁药”，以节省大田的防治费用。

四、机直播技术

1. 大田准备

（1）施足基肥。麦茬稻在耕翻前每亩均匀撒施饼肥 50 千克、厩肥 1000～1500 千克、有机生物肥 100 千克，绿肥茬水稻（绿肥生物量 1500 千克）每亩施碳酸氢铵和复合肥（氮 15%、磷 15%、钾 15%）各 25 千克。

（2）整田及质量。休闲田耕翻 15～20 厘米，上水旋耕，播种前 3～5 天耙平。麦茬田麦收后上水旋耕 10～15 厘米，播种前 2～4 天耙平。整地时一定要在“平”字上下功夫，做到全田高低差不超过 3.3 厘米，田块平整无明显高墩和低区，内外三沟及时配套。水直播稻田要防止泥头过烂造成闷种，待泥头沉实到软硬适中时播种，做到机播不涌泥，又有薄泥浆盖没种子。泥头软硬程度用排水早晚来调节，一般在播种前排水，待水基本排光即可播种。泥头过烂的隔夜排水，待泥头沉实到软硬适中时播种，切不可烂田机播，以避免涌泥导致闷种缺苗。

2. 机直播技术

（1）播种期。适时播种是夺取高产的关键栽培措施之一。各地根据实际情况安排播种期，湖南一季稻一般在 5 月 15 日左右播种，最迟不超过 5 月 25 日。

（2）播种量。基本苗偏多是机直播的主要问题之一，地区和田块间存在较大的不平衡性。基本苗的多少与播种量、成苗率关系密切，从生产技术角度考虑，杂交稻 2～3 千克。杂交稻以 120～132 粒/米^2 的密度播种。提倡宽行播种，每 2 米播幅 8 条，则播种行每米排种 30～33 粒。如 2 米播幅 10 条，则播种行每米排种 24～26 粒。常规稻播种密度则在杂交稻的基础上翻一番，如 2 米播幅 10 条，则播种行每米排种 48～52 粒。要密切注意拖板后面是否拖有秸秆，这些秸秆如果把已播谷种拖掉，要立即停止播种，将拖在后面的秸秆踩入泥中，田边四角机播不到的地方，手工补种，切忌过密。

(3) 播种深度。播种时掌握好适宜的播种深度，也是保证苗全、苗齐、苗壮的一项关键措施。播种深度是由种子的顶土能力、耕作制度、土壤、气候状况来决定。条播一般播种深度为1～3厘米，最深不能超过3厘米。对于靠土壤底墒出苗的旱稻田，要适当深播，播深2～3厘米；对于播种后用浇蒙头水使种子出苗的旱稻田，要适当浅播，播深1～2厘米。

3. 肥水管理

(1) 加强播后管理。一是播种后，立即开好围沟，并与播种槽接通，排出田间积水；二是及时匀苗补缺。

(2) 合理调控肥水，调节群体结构。①合理调肥，减氮增磷钾。肥料运筹继续坚持稳定基蘖肥，减少长粗肥，适当施穗肥。根据试验和生产实践，超级杂交稻每亩施氮量为12～14千克（相当于碳酸氢铵70～85千克），其中，基蘖肥占80%左右。7月中下旬要控制氮肥用量，以控制高位分蘖增生和倒5叶、倒4叶长度；7月底8月初在搁好田基础上看苗补施穗肥，每亩宜用45%的高效复合肥10千克或25%复混肥15千克，加氯化钾10千克，使钾氮比达到0.5。控制氮肥增施钾肥是杂交稻提高产量和品质的重要措施。②大面积生产时氮磷钾肥料比例。杂交稻氮磷钾肥料比例为1∶0.7∶1.1。在基肥的施用上，提倡施有机肥，减少无机氮化肥；在穗肥施用上，提倡施用复合肥，减少氮化肥，积极推广有机液肥。③运筹水浆，中控后延，做好水浆管理。直播稻立苗期以湿润为主，2叶1心期抛秧稻抛栽后2～3天建立浅水层，分蘖阶段以浅水串灌为主，达到预期穗数时，开始脱水搁田，先轻后重，分次搁透，严格控制高峰苗，使之保持适宜群体结构和良好的通风透光条件，从而提高分蘖成穗率，中期实行以湿为主的浅湿灌溉，后期干干湿湿，切忌断水过早。

五、植物生长调节剂在超级杂交稻育秧中的应用

应用植物生长调节剂来培育壮秧是一项行之有效的技术措施，目前最

常用的有烯效唑、多效唑及其他含有化控剂的产品。一般只要应用一种就可以达到控长促蘖的效果，必要时，如秧龄过长，也可用两种来调控秧苗的生长，但不利于发挥超高产潜力。

1. 烯效唑

烯效唑是一种三唑类植物生长延缓剂，其性能较多效唑高，残留较多效唑轻，用于育秧可以促进秧苗矮化分蘖，增加叶绿素含量，促进根系生长、提高秧苗的抗逆性。一般可用 60～120 毫克/千克的烯效唑药液浸种 12 小时以上或在 1 叶 1 心至 3 叶 1 心期喷施 1 次即可，喷施时秧床上要没有水层。

2. 多效唑

多效唑是一种三唑类植物生长延缓剂，其功效与作用机制也与烯效唑相似，但比烯效唑的残效期长、安全性差，价格更便宜。在 1 叶 1 心至 3 叶 1 心期用 250～300 毫克/千克浓度的药液喷施一次即可，一般不用于浸种，秧龄长的可在用烯效唑浸种的基础上再喷一次多效唑。

3. 其他产品

为简化育秧工序，生产上常应用烯效唑或多效唑做原料，并与其他营养物质及杀菌剂、杀虫剂等复配，生产出育秧专用产品，如壮秧剂、育秧肥、种衣剂、拌种剂等，大大节省了成本。具体操作需按产品要求使用。

种衣剂最好选用成膜技术好的产品，只需在浸种前将种衣剂与种子充分混合均匀，再让其自然晾干，形成包膜后，可进行正常的浸种催芽。

壮秧剂和育秧肥都是为了简化育秧工序，根据早晚稻育秧期气候条件，将化控剂、营养剂、杀虫剂、杀菌剂复配而成的一类水稻育秧专用肥料，在水稻育秧上应用取得了很好的效果，特别是在旱床育秧和塑盘育秧上应用。应用这类专用肥料育秧有如下优点：一是可以简化工序，一次施用就能完成施肥、防病虫、化控等技术措施，整个育秧期间一般不需要施肥、打药和喷化控剂，具有一剂多能的功效；二是有利于培养壮秧，这些产品一般能控制秧苗徒长，促进分蘖，提高出叶速率，增加茎粗，提高叶片叶绿素含量，综合秧苗素质明显优于常规化肥育秧，而且施用简便，作基肥一次施用即可，可避免因天气、劳力等原因影响施肥、打药的实施而导致秧苗素质下降。其施用方法为：塑盘育秧按照说明书的用量（绝大多数厂家均是按一袋用一亩大田所需之秧田），分成两等份，一份与干细土100克/盘拌匀后均匀撒在秧床上，一份与糊泥拌匀后直接装盘，刮平后播种，按塑盘育秧要求育秧。旱床育秧也是按说明书每平方米秧床的用量与1千克干细土拌匀后撒在秧床上，再用耙子均匀耙入2厘米土层内，或每平方米秧床拌匀后直接铺在秧床上，然后洒水、播种、盖种，按旱床育秧要求进行育秧；湿润育秧也是按说明书每平方米秧床的用量，与1千克干细土拌匀后，均匀撒在秧床上，再用耙子均匀耙入2厘米土层内（或在秧床上再均匀铺一层1～2厘米厚的糊泥），然后播种，按湿润育秧要求进行管理。

六、机插秧育苗

机插秧育苗是机插秧成功、高产的关键环节，与传统的常规育秧方式相比，最显著的特点是机插秧播种密度大、标准要求高。必须培育符合机插秧要求的标准秧苗：出苗齐匀，根系发达，盘根力强，秧苗个体健壮，根茎粗壮，无病斑虫迹。在秧龄20～35天，单株达到3叶1心至4叶1心，株高15～20厘米时，就可以移栽。

（1）场地选择。选择背风、无大量遮阴、平整无坡度场地，方便操作，日常管理便捷。

（2）育秧准备。①材料准备：空心砖、小砖、烤烟基质、锯末、有机肥、育秧盘、种子、竹片、生活膜、秧膜、遮阳网、铁丝。②秧床准备：用空心砖围出宽10米的育秧床。用宽2米的生活膜盖于育秧床面，四面各立起膜20厘米，形成膜面池。在育秧床面铺撒2厘米锯末。膜面池能节约用水、方便排灌。锯末能吸水保湿，保持秧盘整体一致。③育秧基质准备：播种前把烤烟基质和有机肥按2∶1比例拌匀，作育秧基质，要求育秧基质达到潮湿而不沾手。④种子处理：用清水漂去空秕种子，在咪鲜胺稀释液中浸泡 24 小时（预防恶苗病），捞出控干水。

（3）装盘播种。在育秧盘中装 2 厘米厚的育秧基质（软盘 2.5 厘米），要求均匀平整。用播种器进行播种（手工播种每盘播种子 659 粒），播后用育秧基质撒盖种子，以不露种为准。把播好的育秧盘放于铺有锯末的育秧床中，5 盘一排摆放，靠一边排放，中间不留空隙，另一边留 5 厘米空隙，以便灌水时水易流动。

（4）水分管理。用水管放水进入育秧床，要求慢放，水面不上育秧盘。以水渗透秧盘为止。灌透后从另一边放完明水，用噁霉灵兑水 500 倍液喷雾（预防立枯病）。

（5）覆膜。用竹片做拱，竹片直接插于空心砖孔洞，拱高不低于 50 厘米，盖上打孔秧膜，用小砖从边上压好。

（6）秧苗期管理。①3～4 天灌一次水，保持秧盘潮湿，秧床无明水。一般 5 天后苗出齐，把秧膜换下，盖上遮阳网，10 天后把遮阳网两边掀开，用铁丝固定于竹片高 20 厘米处。移栽前 5 天把遮阳网完全揭开，施杀虫药一次。②揭膜盖膜要根据温度进行，一般棚内温度保持在 14 ℃～28 ℃，中午温度过高时两头揭开通风进行降温，遇低温时不进行揭膜和换膜。揭膜后换膜应该选择在傍晚太阳落下后无大风天气进行。

第四章　超级杂交稻超高产施肥技术

一、南方稻田肥力现状与特点

杂交籼稻主要分布于南方13省（市、自治区），超级杂交籼稻现以湖南、江西、四川、福建、安徽、江苏、浙江、广西、广东等省（自治区）种植面积较大。稻田肥力是指土壤稳、匀、足、适地满足水稻生长需要的矿质营养元素和水、土、气、热、肥协调的能力，水稻土作为水耕熟化过程中形成的特殊土壤，肥力高低主要受成土母质、气候、水文、地形、耕种熟化（特别是耕作制度）以及社会经济与科学技术发展的影响。肥力是稻田生产力的重要物质基础，水稻要高产，就必须十分强调农田基本建设，改善土壤环境，最大限度发挥稻田土壤的潜在肥力在生产力上的贡献，以获得较高产量。南方稻田的成土母质多且十分复杂，肥力高低不尽相同，一般而言，以沉积物母质发育的水稻土肥力较好，四纪红壤次之。在常规施肥和管理水平下，南方二熟制稻区几种主要种植制度的土壤有机质和全氮基本稳定，有上升趋势，有效磷稳中有升，速效钾下降趋势明显。主要原因是作物收获的养分移出量及施肥补充量的影响，南方稻区农田养分平衡状况是氮磷有余而钾不足。

近半个世纪来南方稻田肥力的变化，依据不同时期的耕作与施肥等特点可分为4个时期：

（1）20世纪50—60年代，稻田种植常规水稻，复种指数和单产不高，施肥以农家肥当家，基本能保持原有地力，一类田的土壤有机质含量为25克/千克以上、全氮1.5克/千克以上、有效磷和速效钾分别在20毫克/千克和40毫克/千克以上，能维持一定水平的再生产。

（2）20 世纪 70 年代开始推广较耐肥的杂交中稻、晚稻，用肥量普遍增加，杂交稻对氮、钾的需要量较大，由于农村劳动力充足，通过冬种绿肥、秋制土杂肥、平日收集农家肥，尤其重视发展养猪，精、粗饲料过腹转化还田；辅以化肥，土壤的肥力亦能满足杂交稻高产的需要。

（3）20 世纪 80 年代改革开放后，农村推行家庭联产承包责任制，农民种田积极性高涨，国家对粮食生产比较重视，特别是在南方一些高产稻区，大力开展“吨粮田”建设，增加投入，土壤肥力有所提高，建设了一批高产稻田，如湖南省的第一个“吨粮市”——醴陵市，其高产田的有机质达 51.1 克/千克，全氮 2.9 克/千克，全磷 0.8 克/千克，全钾 16.6 克/千克，速效钾 118 毫克/千克，有效磷 7.6 毫克/千克，碱解氮 221.0 毫克/千克。但稻田的土壤肥力也开始向两极分化，个别农民由于弃农经商而对稻田进行掠夺式种植，只偏重产出而不注重培肥。

（4）20 世纪 90 年代至今，农业高新技术日益受到重视，两系、三系杂交稻新组合得到迅速推广。南方稻区经济发达地区，农村土地向种田能手、种植大户转移，生产要素与资源得到优化配置，稻田生产能力得到提高，土壤也得到进一步培肥。如福建省龙海市东园镇厚境村，3 年平均产量早稻为每亩 650.8 千克，晚稻为每亩 548.7 千克，土壤耕作层含有机质 37.4 克/千克，全氮 1.96 克/千克，速效磷 13.0 毫克/千克，速效钾 73 毫克/千克。但同时随着南方乃至全国农村劳动力大量向城镇和其他产业转移，部分稻田因管理不善甚至有撂荒等现象发生，导致稻田生产能力有所下降。

总体说来，由于南方水稻生产氮肥投入量的增加，超过了其产出物带走的氮量，水稻土的全氮含量总体上有了明显提高，但仍有 14.4%的土壤全氮含量处于中低水平。在水稻氮肥施用管理中必须按照土壤氮素含量水平分类指导，对高氮水平水稻土尤需严格控制氮肥的用量，以免造成资源浪费和过量氮肥加剧面源污染。近 20 年来南方稻田磷肥投入比较大，在水稻土中磷的积累量已相当可观，在水稻磷肥管理中除中、低磷含量土壤仍需继续加大磷肥投入外，其余水稻土应适当控制磷肥投入。近20年来，水稻土速效钾含量水平总体上变化不大，全钾含量呈下降趋势，说明随着生产水平的提高因稻谷产出而从农田带走的钾素未能得到足够补偿，水稻特别是超级稻高产栽培必须重视钾肥的投入。需要指出的是，南方农民长期有偏施氮肥的习惯，磷在土壤中易被固定，钾容易淋失，而杂交稻对钾肥的吸收量较大。因此，南方稻田杂交稻生产区存在养分不平衡，局部稻田土壤肥力下降的现象，在超级杂交水稻高产栽培中应引起高度重视。

二、高产稻田肥力特征

超级杂交中稻全生育期在135～155天，齐穗至成熟长达45～55天，一般要求“前期长得好、中期稳得住、后期保得牢”。产量对土壤的依赖性（地力贡献）达60%以上，特别是中后期生长主要依靠土壤的持续供肥能力，只有土层深厚，以土壤作肥库，才能使根系深扎，活力旺盛，不早衰，有后劲，地上部与地下部分生长协调，能承载超高产负荷，并经得起各种逆境的考验（如高温干旱、骤冷骤热、疾风暴雨等），即所谓“根深叶茂、本固枝荣”。

超高产田的土壤剖面特征是：土壤整体构造良好，土壤剖面层次（A—P—W—C）明显，无不良结构层，则是水、肥、气、热协调的标志。耕作层（A）松软肥厚，深20～25厘米（沙壤土可深达30厘米），质地适中，提倡“三沙七泥”，结构和通透性良好，耕性适宜，富含植物养分；犁底层（P）发育良好并较紧实，以8厘米左右为宜，有保水、保肥能力和一定的渗水能力；斑纹层（潴育层）（W）厚50厘米左右，节理明显，少有微渗；底土层（C）紧实；青泥层、白土层、沙砾层等不良层次离表层100厘米以下。

超高产稻田土壤养分与环境参数：土壤中养分含量充足而协调，高产水稻的土壤多为微酸性至中性，有机质含量25～45克/千克，全氮1.5～4.1克/千克，全磷（P_2O_5）0.5～1.5克/千克，全钾（K_2O）15～30克/

千克，速效氮≥100毫克/千克、速效磷≥15毫克/千克、速效钾≥100毫克/千克；以及较高的阳离子交换量（每100克土不低于20毫克当量）和较高的盐基饱和度（60%～80%），主要营养元素充足，又不缺微量元素。既有较多的活性有效养分，还有大量的非活性有效养分，能保证在整个生长期间源源不断地供应养分，不缺肥，也不过量而产生赘吸臃肿，从而使稻株顺利而健壮地生长发育。土壤氧化还原电位是以电位反映土壤溶液中氧化还原状况的一项指标，用Eh表示，单位为毫伏。土壤氧化还原电位的高低取决于土壤溶液中氧化态和还原态物质的相对浓度高低，受到土壤通气性、水分状况、植物根系代谢作用和易分解的有机质含量等的影响，可反映土壤理化特性和生物特性的变化。稻田干旱时正常Eh为200～750毫伏，若大于750毫伏，则土壤完全处于氧化状态，有机质消耗过快，有些养料由此丧失有效性，应灌水适当降低Eh。稻田在淹水期间土壤Eh变动较大，Eh值可低至－150毫伏，甚至更低；在排水晒田期间，土壤通气性改善，Eh可增至500毫伏以上。一般地，稻田适宜的Eh值为200～400毫伏，若Eh经常在180毫伏以下或低于100毫伏，则表明土壤水分过多，处于强还原态，通气不良，水稻分蘖或生长发育受阻；若长期处于－100毫伏以下，水稻会严重受到还原物质毒害甚至死亡，此时应及时排水晒田以提高其Eh值。

要使土壤养分丰富而平衡，就得不断培肥土壤，关键是大量施用有机肥，改善土壤的理化特性和生物特性。施用化肥要注意配合与补充土壤中相对缺乏的营养元素；土质中壤（泥沙比适中，干不板结湿不黏，耕性良好）。土壤孔隙度63%～67%，土壤通气孔隙度12%～15%，淹水期地下水位70厘米以下；不存在因矿毒、冷浸、硫化氢、亚铁危害或缺素（如锌、镁）等明显障碍因子（水、肥、气、热协调）；土壤中有益微生物活动旺盛。稻田土中仍然发育着大量能适应稻田环境条件的微生物类群，微生物对创造和调节土壤肥力起着重要的作用。尽管不同类型的水稻土微生物类群不完全一样，作用机制也完全不同，但是高产稻田中的有益微生物数量很多，如稻田土壤结构面上出现的鳝血斑块就是土壤有益微生物活动旺盛的直接反映。

种植超级杂交稻实现超高产目标宜选用具超高产潜力的稻田，以湖南省为例，山区谷地、丘陵区盆地、江河流域之滨及湖区平原的肥沃中壤质稻田种植超级杂交稻效果最佳。不具备超高产条件的稻田，需采取以下高标准农田建设措施：搞好沟、渠、田、林、路的配套，防止水土流失，防污染，确保排灌畅通、土地平整、旱涝保收；秋（或冬）耕烤坯晒垡，逐年加深耕作层，客土掺沙，改良质地等；水旱轮作，种植豆科绿肥；搞好秸秆还田；发展养殖业与饲料生产，利用家畜、家禽过腹转化还田；施用生物菌肥，改善土壤理化性状等，使其产量潜力增至每亩900千克左右。

三、肥料的分类与作用

常言道，“庄稼是人类的粮食，肥料又是庄稼的粮食。”但肥料除供给超级杂交稻的生理需要、满足其生长发育外，还能补充土壤养分消耗，改变其生长环境，明显影响产量和品质。肥料的分类法多种多样，现按超级杂交稻栽培攻关实践作重点介绍。

1. 主要肥料类别及特点

（1）有机肥。有机肥含有大量的有机物质，一般要经过微生物的分解才能被植物吸收，肥效缓慢而持久；营养元素种类齐全，但浓度较低。含有一定的生物活性物质。有明显的培肥与改土作用。具有活化或固定土壤养分的作用。如堆肥、厩肥、糟饼肥、人畜粪、绿肥等，又称农家肥、缓（迟）效肥。

（2）微生物肥。微生物肥是由一种或数种有益微生物、培养基质和添加物（载体）制备而成的生物性肥料。含有高效活性菌，需要创造菌株生长繁殖的环境条件才能提高肥料效果；施用量少，施用方式与时间应按菌株种类、生活习性要求进行。微生物肥又称生物菌肥、细菌肥料，有的则称微生物活性肥，其本身（除添加剂外）并没有肥效，只是一种间接性肥料，通过专化型细菌的生理代谢活动分解土壤中的矿质养分，提高肥效，或固定空气中的氮，或加速有机物腐烂，使其转化成能被作物吸收利用的肥料，如硅酸盐菌肥（又称生物钾肥）、生物磷肥、生物固氮肥、腐秆灵及发酵菌肥等。生物菌肥有利于环保、节约资源和生态的良性循环。

（3）化肥。化学肥料简称化肥，是用化学和（或）物理方法制成的含有一种或几种农作物生长需要的营养元素的肥料。化肥成分较单纯，其含量相对较高；多为水溶性或酸溶性，属于速效性营养物质，能直接被根系吸收或叶面吸收；施入土壤后，能在一定程度上调控土壤中该营养元素浓度及土壤的某些理化性状。如：碳酸氢铵、尿素、氯化钾、过磷酸钙等，不含有机质，又称矿质肥料、无机肥、商品肥、速效肥等。其中按成分的配方又可分为单质肥和复合肥（含复混肥、复配肥、多功能肥、缓/控释肥）。根据植物对其吸收量的多少又可分为大量（常量）元素肥（如氮、磷、钾），但水稻是喜硅作物，吸硅量也大；中量（次常量）元素肥（如硫、钙、镁等）和微量元素肥（如铁、锰、硼、锌、钼、铜、氯、稀土肥等）。化肥的共同点是养分浓度高，肥效快，施后可“立竿见影”，但施用不当易产生副作用，尤其是微量元素肥稍有过量即产生严重毒害作用，因此，用量与使用方法等均应准确把握，科学的方法为应测土配方施肥或按生理测定指标施肥。

（4）绿肥。绿肥是利用绿色植物体转化成的有机肥料，是一种养分完全的生物肥源，是中国传统的重要有机肥料之一，因其作用独特从有机肥中脱离出来另成一类。绿肥有如下特点：

1）绿肥种类多，适应性强，易栽培。按其来源分为栽培绿肥和野生绿肥，按植物学分为豆科绿肥和非豆科绿肥，按种植季节分为冬季绿肥、夏季绿肥和多年生绿肥，按利用方式分为肥田绿肥、覆盖绿肥、肥菜兼用绿肥、肥饲兼用绿肥、肥粮兼用绿肥等，按生长环境分为旱地绿肥和水生绿肥等。

2）种地与养地结合，改良土壤，培肥地力。绿肥有茂盛的茎叶覆盖地面，能防止或减少水、土、肥的流失；绿肥含有大量有机质，绿肥翻入土壤后，在微生物的作用下，不断地分解，除释放出大量有效养分外，还形成腐殖质，腐殖质与钙结合能使土壤出现团粒结构，有团粒结构的土壤疏松、透气，保水保肥和供肥能力强，调节水、肥、气、热的性能好。反之，绿肥又能促进土壤微生物迅速繁殖，增强活动，从而促进腐殖质的形成，加速土壤熟化和养分的有效化。绿肥作物含有氮、磷、钾和多种微量元素等养分，绿肥作物在生长过程中的分泌物和翻压后分解产生的有机酸能使土壤中难溶性的磷、钾转化为作物能利用的有效性磷、钾，因而肥效稳定；每1000千克绿肥鲜草，一般可提供氮素6.3千克、磷素1.3千克、钾素5千克，相当于13.7千克尿素、6千克过磷酸钙和10千克硫酸钾。绿肥鲜草产量，一般亩产可达1000～3000千克，可以减少化肥的施用，有利于发展绿色农业、有机农业。

3）投资少，成本低。绿肥只需少量种子和肥料，就地种植，就地施用，节省人工和运输力，比化肥成本低。

4）综合利用，效益大。绿肥可作饲料喂牲畜，发展畜牧业，而畜粪可肥田，互相促进；绿肥还可作沼气原料，解决部分能源，沼气池肥也是很好的有机肥；某些绿肥如紫云英等是很好的蜜源，可以发展养蜂。

超级稻田一般种植豆科绿肥紫云英。紫云英俗称红花草子或草子，紫云英鲜草含氮（N）0.4%、含磷（P_2O_5）0.11%、含钾（K_2O）0.35%；紫云英干草含粗蛋白质24%、粗脂肪4.7%、粗纤维15.6%、灰分7.6%。它不仅是优质的有机肥，还是牲畜的好饲料。紫云英有很强的固氮能力，根瘤菌对磷敏感，生长初期适施磷、氮，可以磷增氮，以少氮换取多氮及增加生物总产量。还有一种绿肥是肥田萝卜，又叫“满园花”，是十字花科直立茎作物，一般将紫云英与萝卜籽和（或）油菜籽进行先后混播（调节播种期），在生长过程以及沤制还田后能发挥各自优势，起到更好地增产和培肥土壤的作用。

2. 主要施肥方法及特点

（1）基肥。基肥又叫底肥，是在水稻播种或移栽之前进行整地时施用的肥料。其作用在于打好出苗生根、发蘖和全生育期的营养基础，可藏肥于土，收到“肥肥土、土肥苗、苗肥籽壮”的功效。基肥有全层施和面施等形式，其肥料种类包括有机肥（含绿肥）、无机肥和生物菌肥，但以有机肥为主。

（2）追肥。在水稻播种或移栽之后施用的肥料，以补充各个生育期的营养需要，调控禾苗长势长相，使其茁壮成长、直到优质丰产。追肥的种类有无机肥和有机肥，但以无机肥（速效化肥）为主。根据不同生育期和具体作用又可把追肥再细分，并冠以不同的名称，如秧田期的断奶肥、起身肥，本田期的分蘖肥、拔节长粗肥、穗肥（又可分为促花肥、保花肥）、壮籽肥（粒肥）等。追肥的目的在于促进大面积平衡生长的则称平衡肥。按追肥的所及部位又可分为深层施肥（如安蔸肥、球肥深施）、表层施肥（如根际撒施）、根外追肥（如叶面肥）等。

此外，对于种肥（如腐殖酸肥拌种）、秧根肥（用磷肥或稀土等调成泥浆沾根），也可以归于基肥、追肥两类，其操作简便，可立足于争主动，目的在于以小肥养大肥，省工省本，可视具体情况而用之。

四、高产水稻养分吸收与需肥规律

水稻单位产量的吸氮量，随产量提高而相应增加。研究发现，当亩产500千克时，每产100千克稻谷的吸氮量大约为1.85千克，当产量上升至800千克以上时，每生产100千克稻谷的吸氮量提高到2.18千克左右。这是由于水稻抽穗直至成熟期植株的含氮率随产量提高而提高，后期植株较高的含氮率，有利提高其光合生产力，是高产水稻氮素吸收的一大特点。分析不同产量水平水稻群体在不同生育阶段氮素的吸收状况表明，水稻吸氮量的增加主要不在分蘖及拔节期，而在拔节至抽穗期，其次是抽穗至成熟期，故攻高产应着力于提高群体拔节至抽穗期和抽穗至成熟期的吸氮能力。这就要求我们肥料运筹要“控前增后”，重视拔节以后氮肥的施用。同时水稻群体吸磷量随产量增加而增加，高产水稻拔节至抽穗期的吸磷量显著增加，抽穗至成熟期，高产水稻仍表现有较高的吸磷量。故高产水稻应注重增施磷肥并要增加中后期磷肥的施用。水稻吸钾随产量水平提高而显著增加，产量和吸钾呈显著正相关。培育高产水稻要注重增施钾肥，更要注重中期增施钾肥，使抽穗期有较高的含钾率，以满足超级杂交稻的生理代谢需要。

根据每亩产800～900千克稻谷所需的总养分量和超级稻本身的需肥特性以及不同的生态土壤区确定施肥量，进行科学配方和采取科学有效的施肥方法。具体操作技术举例如下：

长江中下游地区，单季超级稻以每亩产800～900千克稻谷为目标，以田定产，以产定肥，按高产水稻对氮（N）、磷（P_2O_5）、钾（K_2O）的吸收比例为1∶0.5∶1.1，按每100千克稻谷平均需吸收纯氮2.0千克计算，则需要施氮、磷、钾量分别为每亩16～18千克、7.2～8.1千克和19.2～21.6千克。这是根据科学试验和长期耕种该类稻田，掌握其土壤供肥率（地力贡献）与当季肥料未被利用率可相抵消条件下的经验公式，不同生态条件下的具体施肥量应视土壤供肥力差异而适当调整，如果地力贡献率大于肥料未被吸收率，则施肥量可降低，反之则应增加。特别强调的是，超高产栽培应以重施腐熟有机肥为主，以化学肥料为辅。基肥与追肥用量之比，一般有5∶5、4∶6或6∶4等，视品种生育特性、土壤肥力及肥料特性等而定；追肥又分茎蘖（分蘖）肥与穗粒肥，两者之比有5.5∶4.5、6∶4或7∶3等，因品种、土肥和生态特性等制宜。以氮肥为主导，长效性有机肥、缓效磷肥全部作基肥，钾肥与氮肥（含复合肥）配合分次施。每亩产800～900千克稻谷的主要施肥措施如下：

1. 施足底肥。每亩施菜枯50～80千克、钙镁磷肥25～30千克、氯化钾11.7～15千克、复合肥（N∶P∶K为18∶10∶17）40千克、锌肥1.5千克。底肥于移栽前3～5天，将几种化肥与菜枯粉充分拌匀后撒入翻坯露垡田，随后使用农机或畜力耕耙、平整，浅水保肥待插。

2. 早施分蘖肥。移栽后7～8天稳蔸并开始分蘖，及时追施分蘖肥，每亩追施尿素7～9千克。

3. 适时适量施穗肥。在第二次晒田复水时，也往往是水稻进入拔节长粗期，当幼穗分化Ⅱ～Ⅲ期时（倒3叶露尖至中期），及时追施穗肥，促进枝梗和颖花分化。一般每亩追施尿素4～6千克、氯化钾7.5～10千克。幼穗分化Ⅳ～Ⅴ期初（倒2叶露尖至剑叶始现），如发现田间叶色落黄，肥劲不足，应补施保花肥。

4. 喷施壮籽肥。为延长功能叶寿命，确保粒重，于始穗期和齐穗期，每亩分别用谷粒饱50克兑水50千克叶面喷施，有利于提高结实率和增加粒重，对低温冷害等不良气候影响也有较好的防御作用。

在热带生态区（如海南三亚），从查获的资料和近两年的实践得出超级杂交稻在中下地力（沙质土，保肥性差，养分在雨季易流失，旱季易分解）情况下，超高产栽培每亩一季施肥可达纯氮30千克，磷（P_2O_5）15千克，钾（K_2O）30千克。

在湖南与海南单季超级稻的栽培季节虽然不相同，但亩产800～900千克均可成功实现，其肥料运筹措施实例表明与上述4点基本相同：一是底肥施足施全层。每亩用1000千克猪牛粪、30千克磷肥和40千克45%（15—15—15）的复合肥作底肥，在第一次犁地后（移栽前3～5天）充分拌匀后撒施，然后进行耕耙，做到全层深施，有效防止磷的固定和氮钾流失，提高肥料利用率。二是分蘖肥早施多施。移栽后5～7天稳蔸并开始分蘖，见蘖后3～4天每亩追施尿素和钾肥各10千克作分蘖肥。考虑到沙质土壤保肥性差的特点，分蘖肥采用适量多次，结合干湿交替管水施肥。三是穗粒肥适时适量施。在幼穗分化Ⅱ～Ⅲ期，及时追施穗肥，攻穗大粒多，根据禾苗长势确定施用量。四是喷施壮籽肥。为延长功能叶寿命，确保粒重，齐穗期和乳熟期每亩用磷酸二氢钾100克、尿素50克兑水50千克，于上午10点前或下午3点后叶面喷施。

五、水稻的施肥量与统筹方法

水稻所吸收的养分来源于两个部分：一部分由土壤本身提供，另一部分是当季施入的肥料。

1. 测土配方施肥

试验证明，土壤养分测定值与作物吸收的养分之间存在一定相关性，根据在生产实践中的观察和肥料对比试验情况，一般推算土壤本身可供给水稻生产所需养分的1/2～2/3，不过这种供应情况在不同地区与不同生产水平下差异很大。在具体衡量某一地区土壤肥力状况时，要根据当地土壤性质、施肥水平与产量的关系，进行必要的土壤分析与试验，从而比较确切地掌握土壤肥力水平。选择相关性高的测试方法进行养分测试，同时在该地块布置全肥区（即NPK区）和缺素区（即NP区、NK区、PK区与无肥空白区）田间生物试验。收获后计算产量，用缺素区产量占全肥区产量百分数即相对产量的高低来表达土壤养分的丰缺情况，把养分测定值按作物产量的高低划分等级，按照我国通用标准将相对产量在全肥区50%以下的土壤养分测定值定为极低；相对产量50%～75%为低；相对产量75%～85%为中；相对产量85%～95%为高；相对产量大于95%为极高，从而确定出适用于某品种水稻的土壤养分丰缺指标，制成土壤养分丰缺指标及施用肥料数量的检索表。当取得某一土壤养分测定值后，对照检索表就可以了解土壤养分的丰缺情况和施肥量的大致范围，作为配方施肥的依据，同时兼顾影响稻田生产力的其他影响因子和产量目标，求出最高施肥量和最佳施肥量。

2. 目标产量

应根据土壤肥力来确定，因为土壤肥力是决定产量高低的基础，通常用经验公式 $y=a+bx$（一元线性回归方程）表示，a 为无肥区产量（基础产量），b 为斜率，在不同土壤肥力条件下，产量因肥力的变化而变化，变化的土壤肥力作为自变量（x），以无肥区产量及其土壤肥力作比较的起点，通过田间试验求得最高可得产量（y），确定为目标产量。也可以当地前三年作物平均产量为基础，再增加10%～15%的增产量作为目标产量。

3. 肥料利用率

肥料当季利用率对肥料定量的准确性影响很大，但肥料利用率不是一个常数，受多种因素影响，如作物品种、土壤肥力、施肥量及施肥方法等。因此，各配方施肥区内应按作物布置田间试验，用差减法公式求得适合本地区的当季肥料利用率，也可直接按现有关于肥料利用率研究数据考虑：南方主要稻区的氮、磷、钾的利用率分别在30%、20%、40%左右，当季利用率越高则产量越高，超高产稻田氮肥的当季利用率可高达51%。

4. 施肥量的计算

根据计划产量需要吸收的肥料，一般可按生产50千克稻谷需纯氮1千克折算，土壤供给的肥料和当季肥料利用率，按下面的例子进行估算。

例如，一块稻田计划生产550千克稻谷，地力产量（即不施肥的产量）为350千克（地力贡献率63.6%），扣除地力产量，施肥需要生产200千克，就需要施4千克纯氮（按上述指标折算），按氮肥的利用率35%计算，需要施11.4千克纯氮（注：未能利用的肥料为65%，与地力贡献率相当）。然后再根据各种氮肥的含氮量进行折算，确定各种氮肥的施用数量。磷肥（P_2O_5）的施用量早稻约为纯氮的一半，晚稻约为纯氮的40%，钾肥（K_2O）的数量则与纯氮相当。

5. 平衡施肥与配方施肥

平衡施肥是指作物所需各种养分均能从土壤和施入肥料中得到均衡供给，并能满足作物生长的需要。而配方施肥是指根据作物需肥规律、土壤供肥性能及肥料效应，从确定目标产量入手，计算出合理的肥料施用配方，进行科学精准施肥的方法。实际上，无论是平衡施肥还是配方施肥，其目的是克服盲目性与低效率，提高科学性、预见性和高效率，其基本原理是一致的，根据作物对不同养分的需求量，因作物的目标产量、因土壤基础肥力、肥料种类多样可选性，进行优化组合施肥。

六、超级杂交稻配方施肥技术

根据超级杂交稻的需肥特性以及不同生态的土壤特性，确定超级杂交稻亩产 900 千克稻谷所需的总养分量和施肥量，下面以湖南杂交水稻研究中心在湖南隆回县超级杂交稻超高产实践中（亩产 900 千克）的成功实例说明其具体施肥技术。

在湖南隆回县单季超级稻亩产超 900 千克实例操作。高产水稻施肥，其生长发育时期对氮、磷、钾三要素的吸收量应分期进行，多次科学平衡配方施肥，除了施用氮肥外，应合理施用磷、钾肥。根据土壤供肥情况和肥料利用率，亩产 900 千克需施纯氮 23 千克左右，N：P_2O_5：K_2O＝1：0.6：1.1。施肥时应施足底肥、早施分蘖肥、适时适量施用穗肥，后期补施粒肥。①施足底肥。底肥又叫基肥，是水稻整个生育时期的基本营养，必须施足，为高产打好肥力基础。底肥占总施肥量的 40％左右，一般以三元复合肥为主，在移栽翻耕前一次性施入。每亩用 45％（15—15—15）的复合肥 50 千克，有机肥 200～500 千克。②早施分蘖肥。分蘖肥占总施肥量的 30％左右。有效分蘖期时间在移栽后 30 天左右，因此，分蘖肥宜施速效氮肥，第一次必须在移栽后 6 天左右追施，每亩施尿素 8～10 千克，45％（15—15—15）的复合肥 7.5 千克；第二次在移栽后 14 天施用，看苗情每亩施尿素 3～5 千克，钾肥 7.5 千克，促进秧苗早分蘖、快分蘖、多分蘖。③适时适量施用穗肥。穗肥占总施肥量的 30 ％左右，穗肥是促进大穗和高结实率的基础。当田间调查主茎幼穗分化 2 期左右时施穗肥，每亩施尿素 4～6 千克，45％（15—15—15）的复合肥 7.5～10 千克，氯化肥 8～10 千克作“促花肥”；在主茎幼穗分化 4 期左右每亩施尿素 3～5 千克，氯化肥 7.5 千克作“保花肥”。穗肥的施用一是为整个幼穗分化期提供充足的养分，促进枝梗和颖花分化，同时防止由于营养不足导致枝梗和颖花退化，为大穗的形成打下基础；二是给上三片功能叶提供养分，延长叶片功能期，具有养根、保叶、壮秆、防倒伏的作用。④后期补施粒肥。粒肥以叶面肥为主。超级稻穗大粒多，若肥水管理不到位后期容易出现脱肥早衰，应在抽穗80%时结合病虫害防治，每亩用尿素50克、谷粒饱1包（50克/包）兑水60千克叶面喷施，以促齐穗壮籽，降低空壳率，提高结实和粒重。

第五章　超级杂交稻超高产水分管理技术

一、超级杂交稻需水规律

水稻需水包括生理需水和生态需水。生理需水是指供给水稻本身生长发育、进行正常生命活动所需的水分，包括水稻植株蒸腾和构成水稻植株体的水分。生态需水是指为保证水稻正常生长发育、创造一个良好的生态环境所需的水分，包括棵间蒸发和稻田渗漏的水分。

南方稻区，中稻秧田需水量为85～180毫米，本田需水量为540～770毫米；单季晚稻秧田需水量大体与中稻相同，本田需水量为330～690毫米。水稻生长发育过程中，需水量的变化规律是由小到大，再由大到小。单季中、晚稻移栽返青期占全生育期需水量的5.7%～12.9%，分蘖期占25.1%～26.3%，拔节孕穗期占24.3%～35.1%，抽穗开花期占9.4%～17.9%，乳熟期占9.5%～13.5%，黄熟期占6.1%～9.9%。单季中、晚稻植株较高，叶面积较大，其需水强度高于双季早、晚稻。前期气温较高，需水量上升较快，高峰期出现较早，多在拔节孕穗期，本田期日需水量4.6～6.0毫米，而高峰期需水量为5.5～7.2毫米/天。水稻需水临界期在孕穗期，若此期水分亏缺，容易造成穗小粒少，甚至会导致不抽穗或造成空壳秕粒。保证孕穗期水分供应，有利于形成大穗，提高产量。

二、超级杂交稻水分管理原则

超级杂交稻对水分要求相对比较严格，不同生育期需水量不同。为保证超级杂交稻稳产高产（900千克/亩）的目标，应针对不同生育期，实行科学的水分管理。

1. 分蘖期实行薄水勤灌

分蘖期薄水勤灌，以利于提高水温和土温，增加土壤中氧气，从而使根系发育良好，根系吸肥能力增强，促进早发分蘖，提高分蘖成穗率。移栽后水分管理因栽插方式不同而不同，手插秧移栽后保持3～4厘米浅水层、抛秧后保持2～3厘米水层、机插等无水立苗后回灌1.5～2厘米浅水层。同时也应因天气制宜，一般以3厘米左右为宜，阴雨天气稍浅，高温干旱天气稍深。

2. 足苗期及时排水晒（搁）田

分蘖后期，当超级杂交稻每亩总苗数达到18万苗左右时，应及时排水晒田，以控制无效分蘖，有利于主茎和大蘖优生快长，以达到多穗、大穗的目的。晒田应掌握天气特点，阴雨天气多，晒田困难，晒田时间可长一些，并要抓紧晴天早晒田，或争取间隙晴天晒田；干旱天气，水利条件较差或缺水的地方，可轻晒或免晒田。

3. 幼穗分化期浅水常灌

幼穗分化期如果水分不足，会减少小穗数，造成颖花退化和粒数减少。若灌水过多、过深，又会使稻株茎部柔软，容易引起倒伏，一般保持水层6～8厘米为宜；遇干旱天气，水层可以稍深些。多阴雨天气或地下水位高，或有贪青现象的田块，可采取干干湿湿，以干为主的水分管理措施。超级杂交稻幼穗分化期不耐低温，当遇到强冷空气来临时，要灌深水，保持一定的深水层，以稳定土温，降低低温对幼穗发育的影响。

4. 孕穗始穗期保持水层

孕穗始穗期是水稻对水分最敏感的时期，此期缺水很容易导致空壳减产，应保持8～10厘米的深水层，同时能够以水调温，提高株间的空气湿度。遇寒露风低温来临时，应灌深水以保温。

5. 灌浆乳熟期干湿交替

灌浆乳熟期是超级稻籽粒充实的关键时期，若遇干旱缺水，会引起叶片早衰，光合作用效率下降，影响籽粒灌浆。如果保持深水层，土壤中氧气减少，影响后期根系活力，也会引起叶片早衰，致使灌浆不良。因此，在灌浆乳熟期要保持土壤湿润，应采取“跑马水”的办法，做到灌水不积水，断水不缺水，干湿交替，以利籽粒充实。在黄熟期以后，需水量大大减少，此期切忌田间积水，以促进成熟，方便收割。

三、晒田的作用与方法

水稻土在水层灌溉下，土壤几乎全部由固相和液相两相组成，土壤中空气很少。经分蘖期一段时间的水层灌溉后，土壤的氧化还原电位已明显下降，有毒还原性物质增加。晒田后：①空气直接进入土壤，进行气体交换，土壤含氧量增加，二氧化碳含量降低，氧化还原电位提高；②土壤失水干缩，微团聚体增加，土壤通透性改善，有利于土壤环境的更新，还原物质减少，促进有机质矿化；③晒田期间，土壤铵态氮和有效磷含量下降，复水后增高。晒田有“先控后促”的作用。

对于稻株，中期（够苗期后至拔节初）晒田，并通过控制土壤水分和氮肥的供应，更新土壤环境，以调整稻株体内的碳氮比，促使落黄，达到控制无效分蘖、基部节间和过渡叶片的生长，并促进根系生长的目的，使水稻生育中期的株型改善，群体结构优化，有利于统一协调穗数、壮秆、大穗之间，地上部与地下部之间，稻株与环境之间的诸多矛盾，是高产群体中期调控的一个最为重要的手段。

传统晒田方法，晒田迟，群体大，希望通过一次重晒田达到控制生长，改善株型的目的。一般是将稻田晒至田边裂大缝，田中开“鸡脚缝”，站人不陷脚，叶色明显落黄，称为“重晒”。重晒田对植株的生长有许多不利影响，首先是土壤裂缝，拉断根系，还会使分枝根和根毛脱落，甚至会破坏根表皮和内皮层，严重损伤根系，根的活力大为削弱，复水后根的吸收能力短期内不能恢复，达不到“先控、后促”的目的。而且在重晒田时，有不少新根（含分枝根）由土层中伸出土表，这种粗白根是在通气条件极好的情况下产生的，一经淹水后即停止生长，活力锐减，以致很快腐烂，不能吸收养分；同时在长期的重晒田过程中，土壤微生物活动旺盛，复水后短期内由于大量微生物耗氧，会使土壤急速转为还原状态，对根系生长不利。所以，中期晒田切不可一次重晒。分次轻晒，首先在晒田时间上取得了主动，苗期适宜晒田，土壤处于湿润状态能有效地控制无效分蘖的发生，分蘖成穗率高；其次是有利于大穗的形成。分次轻晒的田，其主茎和分蘖穗的一、二次枝梗和颖花数均比一次重晒田的高，且退化颖花少。晒田时必须在田间开挖排水沟，深度一般应以犁底层深度为准。

四、超级杂交稻水分管理技术

水稻生产上大多数农户在灌溉方式上采用大水漫灌，生育后期则断水过早。据对农户进行的调查，采用大水漫灌方式的农户占 76%，生育后期断水过早的农户占 57%。大水漫灌方式不仅会造成肥料损失（特别是在施肥期），而且会抑制分蘖发生和根系生长，导致稻瘟病和纹枯病的发生，后期断水过早则会严重影响结实率和产量。

近年来，国内外提出了许多新的概念和方法，如畦沟灌溉、干湿交替灌溉、间歇性湿润灌溉、覆膜旱种等，对由传统的丰水高产型灌溉转向节水优产型灌溉，提高水分利用效率起到了积极作用。在灌溉方式上，从均匀灌溉发展到调节植物体机能、提高水分利用效率的局部灌溉。强调交替控制部分根系区域干燥、部分根系区域湿润，以调节气孔保持最适宜开度，达到以不牺牲作物光合产物积累而提高作物水分利用效率的目的。

1. 强化栽培水分管理技术

超级杂交稻的强化栽培，其核心是节水灌溉，全生育期以湿润或田面相对湿润，促进根系发育，达到壮个体、大群体，抗倒高产。

（1）秧田期。出苗前保持土壤湿润以促进出苗，1 叶 1 心以后应以控为主，以促进强壮根系的形成。如果是旱育秧苗床一般不用灌水，干旱时喷施即可；如是软盘育秧，则只要软盘湿润即可，不需厢面有水层；普通湿润育秧，只需沟内有水、厢面湿润即可。

（2）移栽期。根据不同的育秧方式采取不同的管理措施，旱育秧或软盘育秧带土移栽，田间不需有表面水，保持湿润即可，以保证及时“立苗”；普通湿润育秧扯秧移栽，插后保持寸水活蔸2～3天，有利于促进返青。

（3）返青分蘖期。一般移栽后3～5天，秧苗开始立苗返青，田间应保持浅水，有利于秧苗快发多发，分蘖以后田间干湿交替管理，干到稍微开坼，施肥、施药则灌浅中层水。在田间苗数达到目标有效穗的70%～90%时（分蘖能力强时可低点、分蘖能力弱时可高些），晒田控苗，促进田间通风，降低田间湿度，减轻病虫害的发生。

（4）幼穗分化期。晒田控苗后进入幼穗分化期应及时复水，间歇性灌5厘米左右的浅水层，每次做到前水不见后水，中间间隔2～3天，保证幼穗分化对水分的需求。

（5）抽穗扬花灌浆期。抽穗时保持水层6厘米左右，确保快速抽穗。随后保持干干湿湿，时露时灌，保证在成熟前3～5天不脱水，超级杂交稻因穗大粒多，灌浆期较一般杂交稻长，应特别注意成熟前的水分管理。

2. 精确定量栽培水分管理技术

水分管理主要在分蘖期与抽穗灌浆期进行。对于水稻分蘖阶段，中大苗移栽后的土层需要进行勤灌，以保证土壤表面具有浅水层。若是小苗移栽，则在1叶龄后，采取断水露田的方式，促进水稻多发根，当水稻达到2叶龄后，可采用浅水层和露田交替进行的灌水方式进行灌水。为了控制无效分蘖的发生，晒田的时间就应该定在无效分蘖发生前的2叶龄进行，在水稻抽穗灌浆期间，需要保证土壤处于一个浅湿交替的状态，灌水时，使水层维持在2～3厘米，待水层消失后的4天左右，再进行灌水，同样使水层保持在2～3厘米。水稻精确定量的水分管理中，在水稻移栽后将水层保持在2～3厘米，可以有效地减少由于水稻根系不发达、逆境对水稻造成的伤害。当植株逐渐长大、根系发达后，进行排水晒田处理，可以很好地增加土壤中的氧气含量，促进水稻根系的呼吸，并减少有毒物质的积累，同时强化根系的支撑功能，有效防止倒伏。

3. 高产节水栽培水分管理技术

实行好气灌溉湿润管理（轻干湿交替灌溉），促进水稻根系生长。前期保蘖壮秆，中期强根保穗，后期防止根系早衰，以根保叶，以叶壮籽，确保秆青籽黄。做到薄水插秧，寸水返青，浅水分蘖，轻晒健苗，有水养胎，足水抽穗，湿润壮籽，在收获前 1 周断水，千万不能脱水过早。由于全生育期采用湿润灌溉的水分管理方式，田间容易滋生杂草，杂草防除以“一封二杀三补”为原则，即移栽前 2～3 天用 50%丙草胺 1200 毫升/公顷、15%吡嘧磺隆 150 克/公顷封闭除草，移栽后 10～15 天用五氟・氰氟・吡 750 毫升/公顷对茎叶喷杀 1 次，对部分难除之草再进行 1 次针对性补杀。

与对照（普通灌溉）相比，轻干湿交替灌溉的产量增加了 8.56%，水分利用效率提高了 25.00%。节水灌溉技术：①显著降低了叶片的蒸腾速率和着生角度，从而减少了蒸腾，改善了冠层结构；②显著增加了弱势粒中脱落酸（ABA）与赤霉素（GA3）的比值（ABA/GA3）、茎中蔗糖磷酸合成酶（SPS）和籽粒中蔗糖合酶（SuS）活性，提高了籽粒平均灌浆速率；③显著增加了茎鞘中非结构性碳水化合物（NSC）的运转率，促进物质转运，收获指数得到提高。

4. 其他水分管理技术

（1）直播稻水分管理技术

直播稻立苗期以湿润为主，2 叶 1 心期后建立浅水层，分蘖阶段以浅水勤灌为主，达到预期穗数时，开始脱水晒田，先轻后重，分次晒透，严格控制高峰苗，使之保持适宜群体结构和良好的通风透光条件，从而提高分蘖成穗率，中期实行以湿为主的浅湿灌溉，后期干干湿湿，切忌断水过早。

（2）烟后稻水分管理技术

烟后栽稻，科学灌溉能达到“以水调肥，以气促根，以根促苗，以苗促穗，稳产高产”的目的。具体做到：移栽到返青期保持浅水，促进根系生长；分蘖前期采用浅水与湿润灌溉相结合，促进低节位多分蘖；当田间禾苗封行（茎蘖数达300万穗/公顷或移栽后25天）时，应及时晒田，控制无效分蘖，提高成穗率；孕穗到抽穗期是水稻一生中生理需水量最敏感的时期，需求较多，应及时灌水，保持寸水养胎；抽穗后采取干湿，以湿为主，收割前5天断水。

（3）再生稻水分管理技术

关键是抓好头季稻晒田和再生稻抗旱。头季稻浅水插秧，干湿交替促分蘖，5月中下旬晒田控苗促根系发达，6月上旬幼穗分化期复水，7月上中旬水稻“大肚子”（孕穗期）及抽穗期田间保持水层利于孕穗抽穗，7月下旬至头季稻收割前，干干湿湿、活熟到老。头季稻收割时以田间土壤持水量约30%、田土湿润、收割机不下陷为宜。如再生稻生产季节正处于秋旱时期，需要加强田间灌溉，确保再生稻生长对水分的需求。再生季水分管理主要为：头季稻割前7～10天结合施再生稻促芽肥灌1次水，割后3～4天田间干燥或者留水层都不利于再生稻发芽，保持湿润最好，能同时满足再生稻发芽对水分的需求，之后干湿交替，9月中下旬田间保持水层利于再生稻孕穗抽穗。

（4）稻田综合种养水分管理技术

稻虾共作水分管理，水稻插秧水位不宜过深，防止漂秧，以2～3厘米为宜，插秧后立即灌水确保秧苗尽快返青，水位以3～5厘米为宜，秧苗返青后，以寸水为主，促分蘖；当田间总茎蘖数达到预期成穗数的80%时，开始自然落水烤田，确保虾沟中的水位低于田面15厘米以上。烤田直到稻株叶色褪淡，田里不陷脚即可，若发现小龙虾有异常现象时，应尽快复水，防止幼虾在烤田时脱水死亡。烤田结束应立即灌水，保持水层5～10厘米至始穗盛花期，抽穗期保持水层10～20厘米，在灌浆末期以干湿交替为主。在水稻收割前7天左右，迅速将稻田的水位降到5厘米左右，促使田间幼虾和部分亲虾回到虾沟中。然后缓慢排水，尽可能排尽田中积水，使虾沟与田沟保持 10～15 厘米的水位差，便于后期晾田和机械收割。水稻收割时采用粉碎型收割机收割留茬 40～50 厘米为宜。收割后及时灌 1 次浅水，促使稻桩再生芽萌发，长出再生芽后，使长出的二季稻成为小龙虾的廉价饵料。其间分 3～4 次向田中灌水，直到田中水面和虾沟水面相通，融为一体时，小龙虾就可进入大田水域进行活动。

虾稻田使用化学农药时应控制好田间水层，一般采取加深田水的方法，以降低药液飘落到田中对虾造成的药害，有条件的在喷药后及时换水，确保小龙虾安全。虾稻田成虾多从 8 月底开始捕捞上市至 9 月底，规格小的龙虾可留在田中继续饲养，同时投放部分供繁殖下一代的种虾。虾稻田水稻的收割多安排在 9 月底至 10 月上旬。

第六章　超级杂交稻超高产群体质量设计栽培

水稻超高产的形成是依靠群体及个体高效协同取胜，只有塑造合理的群体结构才能获得超高产水平，因此合理群体问题受到学术界和生产实践的高度重视。超级杂交稻超高产的核心就是妥善协调好产量形成过程中群体的数量和质量的矛盾，就要先明确超级杂交稻主要生长发育阶段的生育特点及水稻产量构成要素的形成规律，在此基础上，确定群体质量指标，确立相应的群体调控关键技术，达到群体质量设计栽培，实现超高产的目的。

一、水稻主要生育阶段的划分

习惯上把水稻种子萌发到新种子形成，称为水稻的一生。根据水稻一生不同时期形态、生理等特点，通常可划分为两个生育阶段：营养生长阶段和生殖生长阶段。营养生长阶段是从种子萌发到幼穗分化之前的一段生长时期，在这一阶段育成的器官有根、茎、叶与分蘖等。生殖生长阶段是从幼穗开始分化到成熟收获的生长时期。这个阶段主要是抽穗、开花、结实，新的种子形成（表6－1）。水稻品种的全生育期，短的不足100天，长的超过180天，其中生殖生长期一般为60～70天，其余为营养生长期。所以，品种生育期长短的不同，主要是营养生长期的不同。在水稻生产实践上，除直播稻外，育秧移栽水稻生长分为秧田和大田两个阶段。水稻营养生长期分为秧田及大田营养生长期。其中秧田营养生长期又可分为三个时期，即从种子萌发至不完全叶伸出的幼芽期，从不完全叶伸出至第3叶全出的幼苗期，从第4叶伸出至移栽的成苗期（采用乳苗育秧方式，在3

叶期已移栽入大田，故没有成苗期）。

表 6-1　　　　水稻主要生育期划分说明

主要生育期	生长地点	详细生育期	释　义	大田生育期
营养生长期	秧田	幼芽期	从种子萌发至不完全叶伸出。	生育前期
		幼苗期	不完全叶伸出至第 3 叶全出。	
		成苗期	从第 4 叶伸出至移栽。	
	大田	返青期	移栽的水稻叶色转青、新叶开始恢复正常生长的时间。	
		分蘖期	分为有效分蘖期和无效分蘖期。	
生殖生长期	大田	幼穗发育期	幼穗开始分化到抽穗的一段时期。	生育中期
		开花结实期	抽穗至成熟的时期。	生育后期

大田营养生长期可分为返青期和分蘖期。水稻从秧田移栽到大田 1～7 天为返青期，即移栽的水稻叶色转青、新叶开始恢复正常生长这段时间。大田分蘖期又分为有效分蘖期和无效分蘖期，返青后开始分蘖到全田总茎数达到与计划收获穗数相当的时期为有效分蘖期，此后进入从全田总茎数与计划收获穗数相当时至停止分蘖为无效分蘖期。

随着水稻的继续生长，开始进入生殖生长期，可细分为幼穗发育期和开花结实期。幼穗发育期具体是从幼穗开始分化到抽穗的一段时期，包括从幼穗开始分化至剑叶露尖时的生殖器官分化期和从剑叶伸出至抽穗前的生殖细胞形成期。开花结实期是指始穗至成熟的时期，可分为稻穗开始抽出剑叶叶鞘至开花授粉完毕的出穗开花期，从授粉完毕至成熟收获的结实成熟期。

为了更方便地进行水稻生产，可按栽培管理的过程把大田生育期划分为前、中、后三个时期，即从秧苗移栽至幼穗开始分化以前叫生育前期，从幼穗开始分化至抽穗叫生育中期，从抽穗至成熟收获叫生育后期。

超级杂交稻因穗大粒多，灌浆期较长，较一般的中稻或晚稻长10天左右，长的可达45天以上。因此，超级杂交稻灌浆期的水分管理要特别注意干湿交替或湿润灌溉，不能脱水过早，同时应将灌浆期安排在气候比较适宜的时段。

二、水稻产量构成要素的确定时间

水稻生产上的产量一般指经济产量，即栽培目的所需要产品稻谷的产量。超级杂交稻具有生物量大的特点，我国目前选育的超级杂交稻品种经济系数可达50%左右，即谷草各一半，因此适当提高超级杂交稻的总生物量是提高稻谷产量的重要途径之一。

生产上稻谷产量是由单位面积有效穗数、每穗粒数、结实率和粒重（千粒重）构成，通常叫作产量四要素，它们之间的关系可以作为超高产群体质量设计的依据。

产量（千克/公顷）＝单位面积（公顷）有效穗数×每穗粒数×结实率（%）×千粒重（克）×10^{-6}

水稻产量各构成要素的形成过程也是水稻生长发育过程中器官形成的过程，各要素的形成在水稻发育过程中都有一定的时间对应性（表6-2）。

表6-2　水稻产量四要素形成与各生育阶段对应关系

<table>
<tr><td colspan="5">营养生长阶段</td><td colspan="6">生殖生长阶段</td></tr>
<tr><td>幼苗期</td><td>秧田分蘖期</td><td colspan="3">分蘖期</td><td colspan="3">幼穗发育期</td><td colspan="3">开花结实期</td></tr>
<tr><td colspan="2">秧田期</td><td>返青</td><td>有效分蘖</td><td>无效分蘖</td><td>分化</td><td>形成</td><td>完成</td><td>乳熟</td><td>蜡熟</td><td>完熟</td></tr>
<tr><td colspan="2">穗数奠定阶段</td><td colspan="3">穗数决定阶段
粒数奠定阶段</td><td colspan="3">穗数巩固阶段
粒数决定阶段
粒重奠定阶段</td><td colspan="3">粒重决定阶段</td></tr>
</table>

产量四要素之间互相联系、互相制约，因此要获得超高产，必须根据不同品种特性，在整个生育期综合调控产量四要素，达到合理的群体构

成。如单位面积上的有效穗数，在一定范围内随基本苗数增加而增加，但是当单位面积有效穗数增加超过一定范围后，穗数与粒数的矛盾增大，即单位面积有效穗数过量会造成每穗粒数的减少。当增加穗数不能弥补每穗粒数减少的损失时，就会导致产量下降。由此可知，只有合理选择品种，加强栽培管理，协调好个体与群体关系，调整产量各因素之间最佳构成，才能获得超高产。

1. 穗数的形成阶段

超级杂交稻的特点是穗形大，是靠大穗获得超高产，但当单位面积有效穗数超过一定范围后，会加大穗数与粒数的矛盾，造成超高产所需总颖花量不足。因此栽插密度不宜过大，即在稳定穗数的基础上主攻大穗是超级杂交稻获得超高产的策略。

影响穗数的时期一般起自分蘖始期甚至秧苗期，止于最高分蘖期后7～10天，其中决定穗数多少的主要时期是分蘖盛期，分蘖期调控的重点是穗的数量与质量的协调。

单位面积上的穗数，是由栽插株数、单株分蘖数和分蘖成穗率三者构成。栽插的密度及移栽后的成活率决定了单位面积株数，单株分蘖数和分蘖成活率与秧苗的壮弱密切相关，因此穗数的确定期在分蘖期，基础在育秧期。稀植有利于大穗的形成，有利于田间通风透光，减少病虫害的危害，有利于形成强大的根系。超级杂交稻具有强大的个体，只有使个体获得充分发展的空间，才能最大限度地发挥个体优势以挖掘高产潜力。因此，超级杂交稻的超高产栽培要从以往的“合理密植”转向“合理稀植”。合理稀植应因品种、地理条件而定。一般生育期长的中稻宜稀，生育期短的晚稻宜密；分蘖能力强的宜稀，分蘖能力弱的宜密；稻田肥沃的宜稀，瘦田宜密。

水稻群体茎蘖消长动态是分蘖发生与成穗情况的直观体现，并最终显著影响产量，分蘖消长动态合理，成穗率高，是超高产群体的基本特征之一。超级杂交稻合理的茎蘖动态模式应为：移栽期确定基本苗，有效分蘖临界叶龄期（总叶数 N 一伸长节间数 n）达到高产足够穗数苗，拔节叶龄期（n 一2 的倒数叶龄期）为高峰苗期，最高苗数为有效穗数的 1.2～1.3 倍，抽穗期达到适宜穗数。

增加穗数的主要栽培措施：

（1）培育壮秧。为移栽后早返青、早分蘖提供良好基础。以水育秧为例，超高产稀播育秧用种量为水稻种子商品袋推荐播种密度的 60%～80%，1 叶 1 心期亩施 5 千克左右 46%尿素作为“断奶肥”，移栽前 3～5 天亩施 5 千克左右 46%尿素作为“送嫁肥”。秧苗期还可以施用植物生长调节剂来培育壮秧，促进秧苗矮化分蘖，增加叶绿素含量，促进根系生长、提高秧苗的抗逆性。植物生长调节剂常用的有烯效唑、多效唑等，其他还有能百旺、s-诱抗剂、天达 2116 等，均可达到控长促蘖的效果。移栽前培育出带 2～4 个分蘖的壮秧，以蘖代苗、节省用种。

（2）合理稀植。根据计划收获穗数和对秧苗移栽后分蘖能力的评估，插足基本苗数。移栽的株行距配置以宽行窄株为宜，超级杂交稻品种不同栽插密度也应有所差异，栽插密度为 1.0 万～1.25 万穴/亩。以 Y 两优 900 亩产 900 千克为例，行株距以 30 厘米×20 厘米或 26.7 厘米×20 厘米为宜；地力水平不同栽插密度也要区别对待，肥力水平较高的稻区，行、株距以 30 厘米×（20～30）厘米为宜；中等肥力稻区的行、株距以 26.7 厘米×（20～26.7）厘米为宜。

（3）促低位分蘖早发，控高位分蘖少发。及早移栽，4 叶 1 心移栽为宜，水育秧控制秧龄在 30 天以内，争取大田有充足的有效分蘖期。移栽后可施用促根返青的物化产品，如能百旺、s-诱抗剂、移栽灵/调环酸钙、烯效唑、大地春等，促低位分蘖早发。

施肥是促分蘖的重要措施，因此应施足底肥、早施分蘖肥。底肥占总施肥量的 40%左右，每亩用氮磷钾之和 5%的有机肥 100 千克，45%（15—15—15）的复合肥 50 千克。分蘖肥占总施肥量的 20%左右。分蘖肥宜施速效氮肥，第一次在移栽后 5～7 天追施，每亩施尿素 8 千克左右，

45%（15—15—15）的复合肥 8 千克左右；第二次在移栽后 14 天看苗情施用，每亩施尿素 3～5 千克，钾肥 7.5 千克，促进秧苗早生快发。够苗后及时露田、晒田，控制高节位的无效分蘖，使养分集中供应早发的有效分蘖，提高分蘖成穗率。

2. 粒数的形成阶段

粒数是在幼穗分化发育期确定的，幼穗分化发育至穗的形态及内部生殖细胞的全部建成是一个连续的过程。常采用丁颖将稻穗发育划分为 8 期的方法（表 6-3），其中前四期为幼穗形成期（生殖器官形成期），后四期为孕穗期（生殖细胞发育期）。水稻幼穗发育的时间因品种（组合）生育期的长短、气温及营养等条件的不同而有所变化，全过程所经历的时间为 25～35 天。超高产生育期长，穗分化所经历的时间较常规水稻偏长，为 30～35 天。

每穗粒数的多少，主要取决于幼穗的分化颖花数和退化颖花数，即每穗颖花数=分化颖花数－退化颖花数，因此生产上要尽量增加颖花分化，并减少颖花退化。颖花分化形成的数量与分化时植株的茎秆粗细、营养水平高低成正比，所以分化前的分蘖期为奠定粒数基础的时期。超级杂交稻品种的大穗优势与其二次枝梗数较多有关，因此，栽培上一定要注重促进增加二次枝梗的分化。

表 6-3　水稻穗分化发育 8 个时期相关信息

时期	释义	穗分化发育时期鉴定方法					穗分化各期至始穗天数/天	
		目测法	叶龄指数/%	叶龄余数/%	幼穗长度/毫米	经历天数/天	Y 两优 900	湘两优 900
一期	第一苞分化期	看不见	76±	3.0±	<0.1	2～3	33.5	34
二期	一次枝梗分化期	毛出现	82±	2.5±	0.1～1	4～5	28.5	29
三期	二次枝梗分化期至始穗	毛丛丛	85±	2.0±	1～2	6～7	22	22.5

续表

时期	释义	穗分化发育时期鉴定方法					穗分化各期至始穗天数/天	
		目测法	叶龄指数/%	叶龄余数/%	幼穗长度/毫米	经历天数/天	Y两优900	湘两优900
四期	雌雄蕊形成期	粒粒显	92±	1.2±	4	4～5	17.5	17.5
五期	花粉母细胞形成期	颖壳包	95±	0.6±	25	2～3	13.5	14
六期	花粉母细胞减数分裂期	粒半长	97±	0.5±	60	2	10	10.5
七期	花粉内容物充实期	穗绿色	100±	0	90	7～8	6.5	7
八期	花粉完成期	快出穗	—	—	—	2～3	3	3

增加每穗粒数的栽培措施：

（1）促进幼穗分化前茎秆粗壮。在壮秧的基础上，在大田分蘖期要保证稻株稳长必需的养分供应，使稻茎粗壮，为稻穗枝梗数增多、形成大穗奠定良好基础。

（2）供给幼穗分化足够的养分。穗肥是促进大穗和高结实率的基础，穗肥占总施肥量的40%左右。通常在幼穗分化开始时，若叶色较淡，需要增施“促花肥”（一般在主茎幼穗分化2期，氮肥为主），促使分化形成较多的颖花。在幼穗分化发育的中期（在抽穗前18天左右），若叶色较淡，还要施用“保花肥”（主茎幼穗分化4期施用，N、P、K配合，控制N），减少颖花退化，提高颖花的成育率。亩产900千克超高产的“促花肥”为每亩施尿素10千克左右，45%（15—15—15）的复合肥10千克左右，氯化肥10千克左右；“保花肥”为每亩施尿素5千克左右，氯化肥8千克左右。

要特别注意的是前氮后移及合适的穗肥施用时期是亩产900千克超高产的关键措施。穗肥比例为40%是超高产与一般栽培最大的区别，此外超高产栽培中穗肥最佳施用时期不应是传统的倒4叶（主茎幼穗分化前0.5叶期）和倒2叶（主茎幼穗分化3期左右），在这2个时期施用穗肥不利于大穗的形成，且增加了基部 1、2 节间的长度，不利于抗倒。穗肥的最佳施用时期应该在主茎幼穗分化 2 期和主茎幼穗分化 4 期，可同时兼顾大穗、抗倒伏的作用。

（3）增加抽穗前的干物质积累。抽穗前注意生长所需的养分供给，但生长不要过旺，使光合产物有所积累，保证抽穗后有较多的物质转移到谷粒中去，提高结实率。

3. 结实率的形成阶段

水稻结实是库、源、流的综合体现，结实率在产量四因素中变幅最大。超级杂交稻一般具有库大的特点，且有两段灌浆特性，较高结实率是超级杂交稻获得超高产的前提。但结实率对环境条件反应敏感，变化剧烈，各种生态及栽培条件稍有不适，就可产生影响。因此，必须在各个方面加以注意。

影响结实率的时间较长，起自穗轴分化而止于成熟都是影响时期。其中最敏感的时期是颖花分化期、减数分裂期、抽穗开花期、籽粒灌浆盛期，即抽穗前后各 20 天（共 40 天），是影响结实率的关键时期。

影响结实率的因素较多，如秧苗素质不好，群体密度过大、封行过早，田间气候环境不理想，中期晒田落色不好，减数分裂期缺肥缺水，开花期天气不好，营养不足，灌浆期水肥不足等，都直接导致结实率下降。

增加结实率的栽培措施：

（1）根据不同地域条件研究保持其最适宜的稻株营养体群体结构与穗粒群体结构。具体办法有：前期培育带蘖、根系发达的壮秧，适时早移栽、合理稀植，中期烤好田，增加淀粉积累等。

（2）安排最适宜的抽穗季节，防止高温、低温的影响。在抽穗开花期若遇干冷天气（如寒露风），可灌水保湿增温，减少低温和干燥的伤害，提高结实率。

（3）后期补施粒肥。超级稻穗大粒多，肥水管理不到位后期容易出现脱肥早衰，应在灌浆初期每亩用尿素 50 千克、磷酸二氢钾、喷施宝等叶面肥兑水叶面喷施，降低空壳率，提高结实率和粒重。

（4）后期补施物化产品。如叶面喷施硅肥，不仅可以提高结实率，还可以减轻高温伤害，减缓结实率下降。如植物生长调节剂能百旺、s-诱抗剂、天达2116等可以防止低温伤害、提高抗逆性、增加叶绿素含量等，从而提高结实率。

（5）强化水分管理。灌浆结实期是超高产籽粒充实的关键时期，应采用干湿交替的水分管理方式。若干旱缺水，会引起叶片早衰，光合作用效率下降，影响籽粒饱满。若深水灌溉，土壤中氧气减少，影响后期根系活力，也会引起叶片早衰，致使灌浆不良。因此乳熟期要干湿交替，保持土壤湿润，做到灌水不积水，断水不缺水，以利于籽粒充实。黄熟期以后，需水量大大减少，田间不积水，以促进成熟。

4. 粒重的形成阶段

由于超级杂交稻一般粒形较大，粒重对产量的影响比常规水稻大，尤其是一些生育期较短组合（品种），大穗的优势较弱，往往靠大粒的优势获得高产。因此，在栽培上应重视促进粒重。

粒重由谷壳大小和谷粒充实程度决定。谷壳大小是在幼穗分化发育期确定的，而且谷粒灌浆物质的20%左右来自抽穗前的贮藏物质，所以幼穗分化发育期是奠定粒重基础的重要时期，以颖花生长最旺盛的减数分裂期影响最大，常常称之为粒重第一次决定期。抽穗以后，谷壳大小已经固定，胚乳充实程度则决定糙米的体积和重量，因此抽穗后籽粒的灌浆盛期称为粒重第二次决定期。

超级杂交稻穗形大，二次枝梗多，弱势花也多，因此粒重不整齐。除了颖花着生部位外，影响灌浆速度的因素主要有群体结构状况、根系及叶片的衰亡速度及当时的土壤养分、水分和气候状况。当气温过高或过低时，植株光合产物的合成减少，灌浆速度变慢，粒重下降。群体结构状况过于荫蔽时，开花前的碳水化合物储备量不足，单位面积颖花数过多，均不利于粒重的提高。

提高粒重的栽培措施：

(1) 保证幼穗发育后期有良好的营养条件，使谷壳长得较大，以便容纳更多的灌浆物质。

(2) 抽穗以后，谷壳大小已经固定后，粒重第二次决定期与齐穗后灌浆结实期结实率的栽培措施基本一致。包括后期补施粒肥及补施物化产品，延缓叶片衰老，增加光合能力，加快灌浆速度，增粒增重，改善品质；以及强化水分管理，灌浆成熟期采取湿润灌溉，进行养根保叶，形成较多的光合产物，使谷粒充实度好。

三、超级杂交稻超高产群体质量设计

超级杂交稻产量构成取决于单位面积有效穗数、每穗粒数、结实率和粒重（千粒重）四个要素。不同的品种由于穗形和粒重不同，它的产量构成也有所不同。超级杂交稻实现超高产必须根据品种特性分别设计生长发育指标，以便采取相应的分段目标动态管理措施，使产量构成的四要素有机地协调统一。目前要实现亩产 900 千克产量目标，一般采用在一定穗数的基础上，以大穗获得高产。目前我国主要超级杂交稻品种的超高产群体指标见表 6-4，可供其他类似品种设计作参考，但每一个品种在不同的生长季和生长环境下有一定的差别，应区别对待。

表 6-4　　不同超级杂交稻品种超高产群体产量设计

品种	密度/(万穴·亩$^{-1}$)	有效穗/(万穗·亩$^{-1}$)	每穗总粒数/粒	总颖花量/(万枚·亩$^{-1}$)	结实率/%	千粒重/克	目标产量/(千克·亩$^{-1}$)
Y两优2号	1.11	20	200	4000	88	26.5	932.8
Y两优900	1.11	16	250	4000	88	26.5	932.8
湘两优900	1.11	15	270	4050	88	26.5	944.5
甬优12	1.11	15	300	4500	88	23.5	930.6

1. 超级杂交稻超高产群体质量设计的总思路

（1）扩大群体总颖花量，构建抽穗结实期的高光效、高积累群体。

（2）通过各叶龄期的生育诊断，采用适当措施，对各器官生长和群体发展做定向、定量的调控。

（3）走“精苗稳前—控蘖优中—大穗强后”的超高产栽培途径，压缩群体的起点和群体的总生长量，前期小群体，在壮个体基础上构建合理群体。

（4）应用肥、水等促控技术，促进有效和高效生长，控制减少无效和低效生长。

（5）对技术进行精确定量，以最经济的投入，保证水稻高产优质群体的形成，获得最大的经济效益和生态效益。

2. 群体质量设计关键技术指标

（1）产量设计指标。亩有效穗＞15万穗，总颖花量＞4000万枚，结实率＞85%，千粒重26～28克。

（2）精确育苗。适时播种，稀播，培育叶蘖同伸的适龄壮秧。

（3）合理稀植。适当提早移栽，株行距配置以宽行窄株为宜，栽插密度1.0万～1.25万穴/亩。延长有效分蘖生长时间，增加生长量形成大穗，成穗率＞75%，抽穗期叶面积指数7.5～8，成熟期4～5张绿叶。

（4）促早发、快发，尽早够苗，及时晒田控苗，塑造壮秆大穗。

（5）精确施肥：有机肥、无机肥兼用，有机肥的用量占总氮量的20%～30%，氮磷钾硅等肥配合施用。精确施用氮肥，基蘖肥∶穗肥＝(6∶4)～(5∶5)。减少前中期的氮肥用量，减少无效分蘖（控制群体的无效组成）。增加穗肥施用比例，促进大穗和提高冠层叶片的光合功能。穗肥在主茎幼穗分化2期和4期2次施用，同时兼顾攻大穗、抗倒伏和高结实。

（6）科学灌溉：全生育期采用“浅水—晾田—湿润”灌溉技术，结实期开始干湿交替灌溉，提高根系活力（养根保叶提高结实率），不宜断水过早。

第七章 超级杂交稻高产高效栽培技术模式

一、超级稻亩产900千克超高产栽培模式

1. 基本情况

基地选择海拔300～500米，气候温和，光热充足，雨量充沛，年均气温16.0℃，年降雨量1300毫米左右，无霜期270天左右；土壤有机质含量35克/千克左右，pH为5.5～6.5；土壤土层深厚、保水保肥能力较强，排灌设施齐全，生态条件较好。根据产量要求，穗粒结构设计为：有效穗数每公顷240万穗左右，平均每穗总粒数280粒，结实率90%，千粒重27克左右。高产栽培技术方案均围绕如何提高以上产量构成因素进行相应的水肥调控。

2. 育秧移栽

一般4月中旬开始浸种，浸种前进行晒种、选种、种子消毒处理，人为创造良好的发芽条件，使稻谷发芽“快、齐、匀、壮”。催好芽的芽谷采用水育秧方式育秧。选择背风向阳，排灌方便，土壤耕作层深厚，土质肥沃的田块作秧田。秧田翻耕后施好底肥，每公顷秧田施用45%（15—15—15）复合肥600千克，氯化钾112.5千克作底肥，过2～3天再平整秧厢播种。每公顷秧田播种量112.5千克，每公顷大田用种量15千克左右，均播稀播，培育壮秧。秧苗2叶1心时施好“断奶肥”，每公顷用尿素60千克，保证秧苗能顺利从自养时期过渡到异养时期。移栽前3～4天，每公顷施用尿素105千克作“送嫁肥”，为移栽后大田的早生快发打下基础。秧田期防虫一次，移栽前一天喷施一次长效农药，使秧苗带药下田，有效减轻了大田前期的病虫害。

移栽前对大田进行精细耕整，用中型翻耕机将稻田深耕至20～25厘米，再耙平，做到3厘米水层不现泥。根据产量指标，插植规格采用宽窄行，宽行40厘米，窄行23.3厘米，株距20厘米，即每公顷栽插15.8万蔸，宽行设置为东西行向，用专用划行器划行移栽，有利于中后期通风透光。移栽时浅插，分蘖节入泥2～3厘米，因为浅插是早发、多发低位分蘖，保证足苗大穗的必要前提，同时做到不多蔸、不漏蔸，移栽后4天左右如有死苗，尽快补全。

3. 合理施肥

目标产量为13.5吨/公顷，每吨稻谷需氮量约为18千克，总需氮量约13.5×18＝243千克/公顷纯氮。土壤供应纯氮120千克/公顷，则需施入纯氮243－120＝123千克/公顷，肥料利用率为40％，则每公顷需要补施氮123÷40％＝307.5千克/公顷。施肥的前后比例为基蘖肥∶穗肥＝6∶4，则基蘖肥需纯氮184.5千克/公顷，穗肥需纯氮123千克/公顷。除施好氮肥外，高产栽培还应该注重磷、钾肥的合理施用，做到平衡施肥，氮、磷、钾的比例一般为1∶0.6∶1.1，肥料分基肥、分蘖肥和穗肥三类施用。

基肥：结合大田耕整两犁两耙分2次施入，第1次每公顷施45％（15—15—15）复合肥450千克，拌匀后于第1次犁田翻耕时深施；第2次每公顷施用菜枯肥750千克，45％（15—15—15）复合肥450千克混合均匀后在第2次犁田时撒施。

分蘖肥：第一次，移栽后6天返青时施用105千克/公顷尿素，氯化钾（含K_2O为60％）90千克；第二次，移栽后13天施用尿素40千克/公顷，氯化钾112.5千克。同时，这一时期注意采取湿润灌溉，露田通气，促使长成健壮发达的根系，以利于提高根系吸收能力，促进分蘖早生快发。

穗肥：分幼穗分化肥、促花肥和粒肥三次施用。当主茎进入幼穗分化二期时每公顷施尿素90千克，45％的复合肥225千克，氯化钾112.5千克，以促进枝梗分化，为大穗的形成打下基础。当主茎进入幼穗分化四期时每公顷施尿素45千克，氯化钾112.5千克，给幼穗提供充足养分，防止已分化颖花的退化，保证最终大穗的形成。

粒肥：在齐穗期每公顷用谷粒饱15包兑水750千克进行叶面喷施；在齐穗后5天每公顷看苗情撒施尿素15～30千克，以降低空壳率，提高结实率和粒重。

4. 科学管水

整田后抽好大田围沟，沟深30厘米，宽20厘米；大田开好十字沟，深、宽同围沟。另外，每300平方米以上开厢沟一条，宽20厘米，深20厘米，便于排灌和晒田。移栽后灌浅水，返青活棵到有效分蘖临界期间歇灌溉，即灌水1～2厘米自然落干3～4天后再灌水1～2厘米，如此周而复始。达到预计苗数（每公顷255万株）的80%时（每公顷204万株），开始排水晒田，采取多次轻晒的方法，晒到叶色转淡。若达到规定施穗肥的叶龄而叶色未转淡，则应继续晒田，不能复水施肥。灌浆成熟期采用间歇灌溉，干湿交替，花期以湿为主，后期以干为主，以确保根系活力，防止早衰，提高结实率和充实度。确实做到干湿交替，保持清水硬板，以气养根，以根保叶，以叶增重，达到丰产要求的有效穗数，活熟到老，获取高产。

5. 综合防治病虫害

病虫害实行以防为主，防治结合的统防统治方法。重点是秧田期稻蓟马，大田期二化螟、三化螟、稻纵卷叶螟、稻飞虱、稻瘟病、纹枯病等。建议分别用以下农药防治：①稻蓟马、钻心虫和卷叶虫：氯虫苯甲酰胺（康宽）、稻腾、丙溴磷、毒死蜱、阿维菌素、氟虫腈等。②稻飞虱：哌虫啶、噻嗪酮、吡蚜酮、氯虫苯甲酰胺（康宽）、扑虱灵、毒死蜱、敌敌畏等。③稻瘟病（以防为主）：a. 叶瘟：移栽后15～20天结合治虫用三环唑防叶瘟 ；b. 穗颈瘟：在破口后1～3天用富士一号喷施；齐穗后用乙蒜素喷施；如发现穗颈瘟症状，则每亩用6%的春雷霉素80毫升治病。c. 稻瘟病频发及湿度较大的地区建议每次喷农药时加入少量的三环唑预防。④纹枯病：爱苗、戊唑醇、好力克、井冈霉素等。⑤稻曲病：井冈霉素、粉锈宁（又名三唑酮）、多菌灵可湿性粉剂等。用药适期在水稻孕穗后期（即水稻破口前5～7天）。如需防治第二次，则在水稻破口期（水稻破口50%左右）施药，齐穗期防治效果较差。

二、超级稻亩产1000千克超高产栽培模式

1. 基本情况

基地选择地势平缓、土质肥沃，土层深厚、保水保肥能力较强，排灌设施齐全，生态条件较好的田块。海拔300～550米，气候温和，光热充足，雨量充沛，全年无霜期达230天以上，全年≥10 ℃的活动积温达4800 ℃，年太阳辐射总量大于100千卡/厘米^2，年日照时数大于1400小时，年降雨量1350毫米左右。区别于亩产900千克模式，该模式穗粒结构设计应该是：有效穗数每公顷250万～270万穗，每穗总粒数280～330粒，结实率90%以上，千粒重26～28克；在栽培管理上，重点突出“适时精量播种育壮秧”“宽窄行合理密植，促低位大穗”“全生育期平衡配方施肥和壮秆防倒”“湿润好气灌溉”“及早病虫害预测预报和统防统治”等关键技术。

2. 培育多蘖壮秧

采用浸种催芽，实行水育秧。每公顷大田用种15千克，浸种前翻晒1～2天。选择排灌、光照条件好、土质肥沃、容易起苗（不能是深泥脚、冷浸田）、就近移栽本田的稻田作秧田。于4月中旬播种，播种前种子用强氯精消毒，然后浸种催芽，催至芽长半粒谷时播种，每公顷秧田播种量112.5千克，培育多蘖壮秧。

选择背风向阳，排灌方便，土壤耕作层深厚，土质肥沃的田块作秧田。秧田翻耕后施好底肥，每公顷秧田施用45%（15—15—15）复合肥600千克作底肥，过2～3天再平整秧厢播种。播种后，在苗床上每隔1米插一块180厘米长的竹片作低拱，然后盖薄膜，四周用泥土将膜边压牢，

密封保温，防止被吹开。秧苗现青前，密封保温，促进扎根出苗；现青后，搞好通风炼苗，防止高温伤苗和缺水、发病死苗。2叶1心后，天气好揭膜，揭膜后喷施一次移栽灵等农药和0.5%尿素液，防治病害，促进小苗健壮生长。移栽前3天每公顷秧田施尿素75千克作“送嫁肥”。秧苗期抓好稻蓟马、立枯病等病虫害的防治。移栽前1天喷施一次长效农药，使秧苗带药下田，可有效减轻大田前期的病虫害。

3. 合理密植移栽

采用宽窄行方式移栽，宽行33.3厘米，窄行23.3厘米，株距20.0厘米，实行划行移栽，宽行东西行向，保证前中期光线可直达禾苗基部，有利于充分利用温光资源。移栽时应插足基本苗，每公顷插17万蔸左右，保证每公顷插足75万蔸基本苗。移栽时注意栽插质量，应带泥拔秧，随拔随插，插直插稳，浅插（2～3厘米）匀插，插好每一蔸苗，不插带病苗，不插矮缩弱苗，不插黑根无根苗。栽插后3天内及时查漏补缺。

4. 平衡配方施肥

（1）科学配比用肥。根据土壤供肥情况和肥料利用率，每公顷单产15吨/公顷需施纯氮25千克左右，$N:P_2O_5:K_2O=1:0.6:1.2$。根据水稻生长发育时期对氮、磷、钾三要素的吸收量进行分期多次科学平衡配方施肥。并结合土壤化验结果和田块苗情分类指导到每一丘块、每一种植户、每一水稻生长发育时期。禾苗栽插后，从施第一次分蘖肥到主穗开始拔节，需每3天调查1次群体苗情，对较差的田补充平衡肥，促使整个百亩片禾苗长势平衡。

（2）适时适量施肥。肥料分底肥、分蘖肥和穗肥三类施用。①施足底肥，打好基础：每公顷大田施鸡粪肥等3000千克，45%（15—15—15）复合肥1050千克，12%钙镁磷肥1500千克。大田耕整实行两犁两耙，其中鸡粪肥等3000千克、45%复合肥600千克在第一次犁田翻耕时深施；剩下450千克45%复合肥和1500千克12%钙镁磷肥混合均匀后在第二次犁田翻耕时撒施。大田耕整时要注意干犁、干耙、水整。②早施蘖肥，促大分蘖：前期为促分蘖早生快发，主要使用速效氮肥。移栽后5～7天，结合人工中耕除草，每公顷用尿素112.5千克，60%氯化钾75千克；移栽后12～15天，分不同田块施平衡肥，每公顷看苗情施尿素45～75千克，氯化钾112.5千克，确保整个百亩片生长基本一致。③重施穗肥，促进大穗：该模式攻关品种一般为大穗型品种，为充分发挥品种大穗优势，最关键的措施是重施、精准施用穗肥，确保大穗形成。穗肥根据田间茎蘖群体和植株营养情况分丘块确定穗肥施用量，分促花肥、保花肥两次施用，分别在主茎幼穗分化2期和4期看田、看苗施用。促花肥每公顷施尿素90～135千克，45%复合肥225～375千克，氯化钾105～135千克；保花肥每公顷施尿素60～120千克，氯化钾112.5千克。为提高结实率和粒重，降低空壳率，抽穗期和乳熟期结合病虫防治叶面喷施谷粒饱，用量每公顷30包兑水750～900千克。

（3）湿润好气灌溉。整个生育期除移栽返青期、水分敏感期（孕穗5～7期）、抽穗扬花期和施肥、用药时采取浅水灌溉外，一般以灌薄水层自然落干，保持湿润间歇灌溉为主，以改善土壤通透性、增加土壤氧的含量，从而达到禾苗生长前期以气养根，促进根系生长和深扎，提高根系活力，延缓根系衰老，早发低位分蘖促有效大穗形成，以避免长期淹水根系缺氧和被硫化氢、甲烷等有毒气体危害，同时避免下部节间因淹深水而过度伸长，致使抗倒伏能力下降；生长后期以根保叶，延长功能叶寿命，提高群体的光合能力和肥料利用率，提高结实率和籽粒充实度。攻关片内安排专人管水，及时排灌。

水分管理的具体操作方法为：①薄水插秧。插秧时留薄水层，以保证插秧质量，防止水深浮蔸缺蔸；划行器划行则先行放干田间水确保株行线清晰。②寸水返青：插后5～6天灌寸水以创造一个温度、湿度比较稳定的环境条件，促进新根发生、迅速返青活棵。③浅水与湿润分蘖。做到干湿交替，以湿为主，结合人工中耕除草和追肥灌入薄水0.5～1厘米，让其自然落干后，露田湿润2～3天，再灌薄水，如此反复进行。天晴遮泥水、雨天无水层，以促进根系生长、提早分蘖、降低分蘖节位。④轻晒健苗。当每公顷总苗数达到225万株左右时开始排水晒田，采取多次轻晒的方法，晒到叶色明显落黄。若达到规定施穗肥的时期而叶色未转淡，则应继续晒田，不能复水施肥。一般晒至田间开小裂，脚踏不下陷，泥面露白根、叶片直立叶色褪淡为止，对于地下水位高、土壤质地黏重、秧苗长势旺的田块适度重晒，反之对于灌水不便、沙质土壤、禾苗长势较弱田块适度轻晒，以起到控上促下、促使壮秆，提高成穗率，并降低田间湿度，减轻病虫危害的作用。⑤有水养胎。在稻田群体主茎进入幼穗分化初期时恢复灌水，采取浅水勤灌自然落干，露泥1～2天后及时复灌；在幼穗分化减数分裂期前后（幼穗分化5～7期）时，保持3厘米左右水层。⑥足水抽穗。抽穗扬花期需水较多，要保持寸水不断，创造田间相对湿度较高的环境，有利于抽穗正常和开花授粉。⑦干湿壮籽。在群体进入尾花期后至成熟期坚持干干湿湿、以湿为主，以提高根系活力，延缓根系衰老，达到以氧促根、养根保叶、以叶增重的目的。⑧完熟断水。在收割前5～7天群体进入完熟期排水晒田，切忌断水过早，影响籽粒充实和产量。

（4）综合防治病虫害。病虫害实行以防为主，防治结合的统防统治原则。重点是秧田期稻蓟马，大田期稻纵卷叶螟、钻心虫、稻飞虱、稻瘟病、纹枯病等。在高肥、高群体条件下，特别要注意防治中后期的纹枯病和稻飞虱。根据虫情预报进行统防统治，用氯虫苯甲酰胺（康宽）防治稻纵卷叶螟和钻心虫，用吡蚜酮防治稻飞虱，用春雷霉素防治稻瘟病，用爱苗防治纹枯病。

三、超级杂交稻节氮栽培模式

1. 基本情况

针对我国杂交稻的种植生产上施肥水平高、利用率低，生产上倒伏和病虫危害加重、生产成本增加、环境污染，同时水稻抗倒伏栽培技术不能满足南方稻作区全程机械栽培等生产问题，国家杂交水稻工程技术研究中心/湖南杂交水稻研究中心杂交水稻生理生态栽培创新团队研究形成了杂交水稻“节氮栽培”技术模式。本技术在减少氮肥总量20%的前提下，较对照略有增产或平产，氮利用率提高到50%以上。

如何实现减少氮肥量，保证高产、保证收益？该技术的要点是：选择良种、壮秧早插、增苗减氮、氮肥缓释、化学除草和选择应用抗倒技术物化产品等。

前期：选择良种、壮秧早插、增苗减氮、氮肥缓释。中期：立丰灵控节、多次轻晒田强根、液体硅钾壮苞旺秆。后期：综合防病治虫、液体硅钾保叶壮籽。

2. 选择良种

由于各稻区气候、土壤及市场要求的千差万别，选择氮高效籼型品种的基本原则为：分蘖较多（>750%）、成穗率高（>65%）、有效穗多（一季稻 18 万～20 万株/亩）、叶色较淡（抽穗期上 3 叶叶片含氮量 0.63%～0.70%）且成熟时落色好。

根据已有的研究，可选择氮高效籼型品种 Y 两优 2 号、徽两优 6 号、协优 3026 等一季稻品种。所列部分一季稻品种要特别注意稻瘟病的防治。

3. 适时播种

长江中下游双季稻区，一季稻根据生态区及冬作确定播种期，一般于 4 月上旬至 5 月中旬播种。江汉平原、洞庭湖稻区和鄱阳湖稻区选择播种期时，一季稻宜安排在 8 月中、下旬抽穗开花，以避免遭遇高温降低结实率。

4. 育秧方式

一季稻适用湿润秧田培育多蘖壮秧，秧龄控制在 30 天以内。

5. 精量播种育壮秧

一季稻用种 0.75～1.0 千克/亩。为保证培育壮秧，播种注意稀播、匀播，秧田面积根据育秧方式确定。

6. 适时移栽，增苗节氮

总的原则：较一般栽培增加10%的基本苗，减少20%氮肥，即“增苗一成，节氮二成”。

一季稻每蔸插2粒谷秧。每亩保证1.1万～1.5万蔸。

7. 减氮施肥，速缓结合

总施氮量应根据不同产量目标而定。

一季稻亩产900千克，施氮（折合纯氮）15.2～16.0千克/亩，N∶P∶K≈1∶0.6∶（1～1.2）。

基肥采用一次性施用缓/控释复合肥（速效和缓效结合型），总施氮量较常规减少15%～20%，不同季别的氮肥用量参见表7-1。氮肥的基肥、追肥比例早稻按6∶4施用，晚稻和一季稻按4∶6施用。由于一季稻多为大穗型品种，前期苗少，应增大穗粒肥施用比重，减少氮肥大田损失量。

表7-1　超级杂交稻节氮栽培氮肥施用推荐量*

季别	节氮栽培施肥推荐/（千克·亩$^{-1}$）			常规施肥推荐/（千克·亩$^{-1}$）		
	纯氮	P_2O_5	K_2O	纯氮	P_2O_5	K_2O
一季稻	15.2～16.0	7.5～8.0	16.0～18.0	18.0～20.0	7.5～9.0	18.0～20.0

注：耐肥性高产品种不适用本推荐用量。

8. 科学管水，以水调肥

移栽到分蘖前期坚持浅水勤灌，田间水层2～3厘米，达到以水调肥、以水促肥。中期灌露结合，以浅灌为主，每亩苗数达到有效穗苗数的90%时可落水晒田。后期有水抽穗，干湿壮籽，以湿润为主，成熟前5～7天断水，不要断水过早。

9. 促抑结合，防倒防衰

对于株高较高的一季稻品种，于拔节前5～7天，每亩喷施“立丰灵”40克加“液体硅钾”200毫升，兑水35～40千克，均匀喷施（可结合病虫害防治），既增加水稻后期的抗倒能力，又不显著降低株高和减少穗粒数，实现抗倒高产。

10. 综合防治病虫害

重点防治“三病三虫”：纹枯病、稻瘟病、稻曲病；钻心虫（二化螟和三化螟）、稻纵卷叶螟、稻飞虱。具体应根据本地的病虫情测报部门要求，及时施用对口农药防治病虫害。

四、超级杂交稻抗倒栽培模式

1. 基本情况

倒伏是导致水稻减产、品质下降的主要因素之一，同时会显著增加收获成本。倒伏主要分根倒伏和茎倒伏两种类型，倒伏发生的时期主要在灌浆中、后期至成熟期。我国每年因倒伏导致减产量为10%～30%。针对以上问题，湖南杂交水稻研究中心研创出以“抑促结合，壮秆抗倒”为核心的杂交水稻抗倒栽培技术体系。应用该技术成果，茎节抗倒伏力可提高30%～40%、增产幅度达5%以上。

2. 水稻大田倒伏形成的原因

（1）品种自身抗倒性弱。如植株过高且基部第1、第2节间长（基第1节5厘米以上），株型不紧凑、茎秆细而不壮实（如有些优质籼稻）。

（2）施肥措施不当。重氮肥轻磷钾，不重视平衡施肥，采用“一轰头”施肥造成前期生长旺、茎秆基部节间伸长且细软，后期脱肥早衰等。

（3）水分管理不当。田间水层深、土壤松软，水稻根系生长差或根系分布在浅表层。晒田不及时、晒田效果不明显。水稻成熟期排水过早、植株缺水早衰等。

（4）病虫防治不当。纹枯病和稻飞虱防治效果差，纹枯病严重时导致基部叶片失去养根功能，稻飞虱严重时直接导致茎秆枯死等。

（5）大田管理与栽插方式不配套。一般直播稻和抛秧栽培常因根系发育不良，扎根浅而不稳，固定土壤能力差，风雨侵袭，易发生平地倒伏。机插秧在整地质量差、沉田时间短的情况下，易导致插植过深，茎秆基部充实度差，细胞壁变薄，细胞纤维素含量少，而发生倒伏。

3. 水稻抗倒伏技术的原理

该技术是在探明超级杂交稻超高产条件下抗倒形态力学机制的基础上，发现株型及冠层结构的优化，不仅有利于提高群体光合能力、延缓叶片衰老而健根防倒，而且有利于增加茎鞘贮藏物质、提高茎秆的抗倒能力，从而实现高产抗倒。无论株高或高或矮，其水稻基部节间短、壮实，所有伸长节间的合理配置，以及植株硅、钾及纤维素含量高均有利于显著提高植株的抗倒伏能力。因此，任何符合基部节间短、伸长节间配置合理的品种，以及促进健根、壮秆和调节基部节间长短及伸长节间合理配置的技术措施均能实现抗倒高产。

4. 技术适宜的区域

适用于南方各种类型的水稻产区。

5. 具体的技术措施

（1）因地制宜、选择良种。通过田间形态观测，株型较好，茎秆强壮、茎基节间短的品种总体上具有较强的抗倒伏能力。

（2）适时播种、培育壮秧。选用合适的播种时间和方式。播种时要稀播、匀播，培育多蘖壮秧。

（3）科学管水，强根壮秆。科学管水、根系生长良好是预防倒伏的关键。一般在移栽到分蘖前期浅水勤灌，中期灌、露结合，浅灌为主；亩苗数达预期有效穗数 80%时落水晒田；有水抽穗，后期干湿壮籽，成熟前5～7 天田间排水，不能断水过早。

（4）化学调控，抑促结合。对于株高过高、容易倒伏的品种或茎秆细软的优质稻品种，宜采用抑制性缩短基部节间的调控方式，即于拔节前5～7 天，喷施新型调控剂调环酸钙（商品名“立丰灵”）35～40 克兑水30 千克，均匀喷施。喷施时不能反复喷洒。

对于株高较矮但抗倒力较弱的品种，仅采用促进性调控方式提高抗倒力，即节间伸长期直接喷施液体硅钾肥（可在喷农药时混施），每亩叶面喷液体硅钾1～2次，每亩喷施200～300毫升。同时，液体硅钾肥能显著提高耐高温能力，结实率一般高3%～5%，遇高温危害时效果尤其突出。

（5）综合防治病虫，节本高效。根据本地病虫情测报，及时施用对口农药。特别注意防治纹枯病和稻飞虱。

第八章 超级杂交稻气候生态适应性评价

超级杂交稻品种的演化与更替从高产向着超高产的方向发展，其实质就是超级杂交稻利用生态环境所赋予的光、温、水、肥、气等气候生态资源条件，适应性完成其生长发育直至成熟的生命周期。因此，对超级杂交稻生产力的高低起主要决定的两个因素：①超级杂交稻自身对生态资源的利用并转化为产量的能力，这方面主要受到品种基因型和遗传背景的调控；②生态气候资源在一定时间和空间范围内能够为其提供可被利用的资源的限度，这其中既包括自然赋予的生态资源，又包括人为社会活动调控生态资源，主要是人为栽培技术措施的影响。因此，合理地利用当地农业资源，选择适合本地气候条件的栽培耕作制度和超级杂交稻品种，是科学种田、提高超级杂交稻产量的重要途径。超级杂交稻品种生产力不仅取决于品种的遗传特性，而且与全生育期时间与空间内的生态资源及品种与生态资源适应性是密切相关的。因此，超级杂交稻品种的区域化种植应选择确定适合于当地的生态及气候条件的品种类型为优先原则。

由于我国地域宽广，各地气候差异显著，形成了超级杂交稻多种种植制度，主要包括一年一熟、一年二熟、一年三熟、两年三熟。北方由于低温，降水量少，生长季相对较短，主要种植单季稻；而南方地区则高温而且降水充沛，生长季相对较长，双季稻的分布相对要广，主要分布于北纬30°以南；长江流域以及华南地区的超级杂交稻往往还与其他作物相搭配，形成各种轮作制度。

生态适应性是物种与动态环境取得均衡的能力。超级杂交稻的生态适应性强调的是在不同的生态条件下具有一定的适应性和对逆境的抵抗能力，而且均能表现稳产、高产。现代水稻的生态适应性包括对地理位置、温度、水分、光照以及土壤肥力的适应性等。

一、超级杂交稻对纬度适应特性

我国水稻种植纬度跨越达40°，籼亚种主要分布于低纬度地区，粳亚种则主要分布在高纬度、高海拔地区。云南地区的超级杂交稻表现出明显海拔地带性，籼稻种植以海拔76～1400米为主，粳稻种植以海拔1600～2700米为主，海拔1400～1600米则为籼粳交错区，说明籼粳分化与纬度及海拔关系密切，纬度由南向北，超级杂交稻种植上限降低；经度由东向西，种植上限则升高。

据报道，中国工程院院士袁隆平指导的超级杂交稻“百千万”工程。在全国80多个县市区设立了百亩片攻关基地。其中设在山东省临沂市莒南县大店镇的基地，2016年经专家组验收，超级杂交稻长势均匀，穗大粒多，结实率高，没有主要病害，实测百亩片平均单产达15.21吨/公顷，2017年平均单产达15.41吨/公顷，创造了超级杂交稻高纬度（北纬36°左右）单产新的世界纪录。同时，2016年设在山东日照的超级杂交稻百亩片平均单产达14.71吨/公顷，表明超级杂交稻在北纬36°左右具有较强的生长适应性，通过加强栽培管理也能达到超高产目标。

超级杂交稻具有较强的生态区域性，说明只有在地理、环境气候、土壤等条件非常适宜时，才能发挥超高产生产潜力，因而在一般生态条件下，即使增加生产投入，也难以达到大幅度增加产量的目标。因此，从超级杂交稻超高产栽培角度看，在制定产量目标时并非越多越好，应充分考虑当地的生态及地理条件，因地制宜地发展超级杂交稻生产是关键。超级杂交稻产量构成因子表现出多样性，获得大面积超高产需要各产量构成因子相互协调。

例如：在高纬度地区要做到适时早播（为了避冷可采用薄膜育苗或温室育苗的方式），使超级杂交稻的后期生长，特别是生殖生长在温暖的时节里进行，从而使产量得到保证。此外在选择栽培品种方面应选用中偏大穗型，千粒重较高，叶倾角小，株型紧凑，分蘖力较强，抗病、抗冷性能较强且结实率高的高产优质品种。

二、超级杂交稻对海拔适应特性

1. 超级杂交稻种植海拔范围

世界水稻种植海拔最上限在亚热带，而非热带，因此，亚热带水稻种植上限普遍高于热带。我国亚热带西部的高原河谷盆地，超级杂交稻种植上限达2600～2700米，云南省宁蒗县和四川省盐源县小面积区域海拔高度在2630～2710米，是目前世界上水稻种植海拔最高的地区。不同类型超级杂交稻品种对温度条件要求不同，因为各地的地理环境和温度垂直递减率差异，所以超级杂交稻种植海拔上限也有差异。在我国东南部栽培籼稻海拔上限为1100米，到西南部则上升至2100米；在东南部栽培粳稻海拔上限1200米，而西南部则高达2710米。杂交稻的种植上限与父本、母本关系密切，说明籼型杂交稻的种植上限接近或低于普通籼稻，粳型杂交稻的种植上限接近或低于普通粳稻。

2. 海拔对超级杂交稻产量及构成因素的影响

海拔高度是超级杂交稻产量的重要影响因子。不同海拔高度的地域生态环境存在较大差异，进而影响到超级杂交稻生长发育，产量也存在较大差异。四川省绵阳地区，在海拔400～1400米范围，超级杂交稻产量、有效穗数和穗粒数随海拔增加先增后减。同一水稻品种在云南涛源（海拔1170米）种植比在福建龙海（海拔652米）多50%～60%的穗数，因而获得更高的产量。四川西昌（海拔1580米）的超级杂交稻高产田块有效穗表现要多于盆地稻区，表明有效穗数多是中高海拔地区（云南涛源和宾川、四川西昌等）产量较高的重要原因。

对云南三个不同海拔地域（400米、1900米、2400米）的超级杂交稻进行地上部干物质积累与分配研究发现，全生育期总的干物质生产量以海拔1900米地区最高，海拔400米地区居中，海拔2400米地区最低；低海拔地区较高海拔地区具有较高的穗重/总重和穗增重/总增重的比例；超级杂交稻结实率随着海拔增加而减少，可能是由于气温降低影响到同化物向籽粒运输所致。

在贵州雷山县5个不同海拔（1000米、1180米、1260米、1410米、1490米）对不同类型超级杂交稻品种生长影响研究发现，除海拔1490米外，参试品种都能正常生长发育，但随着海拔升高，气温会降低，进而造成水稻生育期延长，结实率降低。

在湖南隆回县4个海拔（300米、450米、600米、750米）种植三个超级杂交稻组合（Y两优900、湘两优2号、深两优1813）。平均产量海拔450米（11.45吨/公顷）＞300米（9.93吨/公顷）＞600米（9.63吨/公顷）＞750米（7.77吨/公顷），表明海拔600米起随海拔高度增加产量显著下降。综合单个组合4个海拔产量，以Y两优900（10.36吨/公顷）＞湘两优2号（9.65吨/公顷）＞深两优1813（9.08吨/公顷），Y两优900适应性最好，产量最佳，其次为湘两优2号，且海拔600米起随海拔高度升高，株高、穗长、总粒数、结实率均明显减少。

从品种角度来看，研究表明品种随海拔的升高，其抽穗前历期、抽穗后历期和全生育期天数均延长，不同品种不同生育时期气候因子对产量的影响总趋势是相似的，不同生育时期的气候因子对不同类型的水稻品种产量结构影响总的趋势也是相似的。高生物产量型品种Y两优900与隆回海拔300～450米气候相匹配，易发挥其产量潜力；耐寒型品种湘两优2号与隆回海拔300～600米气候相匹配，而深两优1813与隆回海拔450～600米气候相匹配，能充分利用温光资源，形成较高产量。

海拔对不同类型超级杂交稻品种影响幅度为籼稻＞籼型杂交稻＞粳稻。依据海拔对不同类型水稻的影响程度，建议在海拔1100米以下为籼稻种植区，海拔1100～1300米为籼粳稻混作区，海拔1300～1450米则为粳稻种植区，海拔1450米以上为无稻区或耐寒性极强的水稻种植区。

当前，我国超级杂交稻种植主要分布在长江流域稻区、华南稻区、黄淮稻区，海拔高度多低于 1100 米。对安徽大别山低海拔地区（63 米）超级杂交稻高产攻关研究表明，超级杂交稻在低海拔地区生长具有高产特性，有效穗数达 252.0 万～262 万穗/公顷，每穗总粒数达 220～254 粒，结实率为 83%～86%，千粒重 28 克，平均产量为 12.02 吨/公顷。在贵州低海拔（618 米）与高海拔（1037 米）地域种植超级杂交稻“陆两优 106”发现，随海拔高度升高，日均温度降低，超级杂交稻生长所需积温及光照增多，分蘖速度变慢，生育期明显延长，株高明显变矮，穗长明显缩短，总粒数明显减少，有效穗数小幅增加，结实率和千粒重在一定程度上降低和减轻，这些产量构成因素的综合效应导致高海拔区域超级杂交稻产量明显下降。

因此，在同一生态点一定海拔范围内，超级杂交稻产量随海拔高度升高而降低，如四川海拔 400～1400 米范围，超级杂交稻产量随海拔高度增加呈先增后减趋势变化。贵州海拔 618～1307 米，随海拔高度增加，超级杂交稻产量降低。贵州海拔 1000～1410 米，杂交水稻随海拔高度增加，生育期延长，结实率下降，产量减少。江西不同海拔（230～830 米），超级杂交稻产量表现随海拔增加而下降。为了降低海拔因素对水稻的影响，应采取相应的农业措施和选择适应性强的品种。超级杂交稻辅助栽培可以增加土壤温度以提高超级杂交稻植株对低温的抵抗能力，从而获得高产。

综上所述，超级杂交稻应选择该生态区适宜种植的海拔高度适中地区更易获得超高产。

三、超级杂交稻耐高温特性与适应性差异

1. 气温变化特征

从全球看，近百年来，气候异常导致气温、降水、降雨量等气候因子变化频繁，对超级杂交稻生产带来了较大影响。联合国气候变化政府间组织（IPCC）在 2012 年的评估报告认为，全球陆地及海洋表层气温在 1880—2012 年升高了 0.85 ℃，近 30 年（1983—2012 年）是北半球气温升

高最暖的30年。

在中国，近50年（1963—2012年）745个站点气温变化研究表明，全国除西南地区有微弱降温外，其他地区都表现明显增温趋势，以北方升温较明显；我国自1978年以来，气温呈逐步上升的趋势，北方地区上升较显著，且冬季增温多于夏季。中国地表温度近百年增加了0.2 ℃～0.8 ℃，升温幅度大于全球平均值，近50年增加了0.6 ℃～1.1 ℃，预测在未来20～100年，地表温度将明显增加。分析中国地区1952—2001年气温日较差变化特点发现，气温日较差呈减少趋势，不同地区及季节有明显差异，以中高纬度下降较明显。近54年（1961—2014年）陕西省气候研究表明，陕北、关中及陕南区域年平均气温呈显著增加，升幅为每10年0.21 ℃。≥10 ℃年均有效积温近50多年也增幅明显，达每10年59.2 ℃。湖北省近51年（1959—2009年）年均气温总体上呈增加趋势，气候倾向率为每10年0.195 ℃，表现为自东南向西北递减趋势。浙江省近50年（1961—2010年）年平均气温、年均最低气温都呈显著增加趋势，生长季有效积温呈显著升高，升幅为每10年3.04 ℃。

因此，气候变暖对超级杂交稻生产过程产生较大影响，导致超级杂交稻区域水热条件和超级杂交稻布局及种植结构发生改变，更对超级杂交稻生长发育各环节产生深刻影响。

2. 降雨变化特征

据IPCC 2007年报告指出，降雨受纬度因素影响较大，中高纬度地区降雨表现增加趋势，低纬度地区则呈减少趋势。有研究分析了近130年（1855—1984年）北半球年、季降雨变化特征，表明北纬5°～35°区域呈减少趋势，而北纬35°～70°呈增多趋势，北半球降水年际变化较大。20世纪以来，地球陆面总降水量平均增加了1%，且有增加的趋势；北半球北纬30°～85°区域总降雨量增加了7%～12%，增幅显著，南半球南纬5°～50°区域增加2%～3%。而在20世纪80—90年代中期，北半球北纬30°地区降雨呈明显减少趋势。全球大部分地区的降雨量明显增多，且极值降雨次数呈明显增加趋势。

国内不同区域降雨量总体上呈现增加趋势。对1951—1999年中国739个气象站点的逐日降水数据分析表明，西北地区强降雨频率呈增加趋势，而华北地区呈减少趋势。对1951—2003年中国西部和东部降雨变化趋势研究发现，西部和东部降雨具有区域差异，主要是东部地区受大气环流影响较大。研究表明，我国50多年来，降雨量多的地区由华北向南方转移，先移至长江中下游地区，再向南移至华南。分析中国南方地区近60年（1956—2015年）降雨量变化特点表明，湖北、浙江、江西、湖南、广西等地区年降雨量达1144.59～1584.43毫米，说明这些地区年降雨量较多，区域水资源较丰富。近50年（1961—2010年）浙江省年均降雨量呈增多趋势，大雨以上降水量比例以及日平均降水强度的年际变化呈明显增加趋势。

3. 日照变化特征

全国大部分区域日照时数呈不同程度减少趋势。大量研究表明，全国各地日照时数呈明显减少趋势，如近53年（1960—2012年）河南省年均日照时数呈明显减少趋势，减幅为8.5小时/10年。全国近59年（1951—2009年）日照时数呈显著减少趋势，平均减少速率为36.9小时/10年。近47年（1961—2007年）西北大部分地方日照时数明显减少，平均降速为19.92小时/10年。云南省近44年（1969—2012年）平均年日照时数总体上呈波动下降趋势，降幅为14.95小时/10年。山东省近40年（1970—2009年）平均年日照时数呈显著下降趋势，并具有典型的南少北多分布特征。对湖南长沙站近28年（1987—2014年）、吉首站近23年（1992—2014年）和常宁站近22年（1993—2014年）气候变化研究表明，湖南平均日照时数呈西少东多分布特点，日照时数高值区为洞庭湖区、长株潭地区、娄底中东部和邵阳东北部地区。

4. 气候变化对超级杂交稻生产的影响

在气候变暖背景下，研究农业气候变化特征及发展趋势，深入分析气候变化对超级杂交稻生长的影响，对各地超级杂交稻布局及种植制度和耕作措施调整等具有十分重要的现实意义。

气候变化直接改变区域性的水热变化，影响超级杂交稻生长的环境。超级杂交稻的生长从一定程度上说，是温度和水分的累积效应。温度变化还将通过影响超级杂交稻的生长季长短来间接影响超级杂交稻生产。由于气候变化本身的区域性，以及中国超级杂交稻种植的地域性特征，气候变化给超级杂交稻生产带来的影响并不完全一致。从局部而言，温度升高将增加超级杂交稻利用光热条件的机会，而降水充分也为超级杂交稻的生长提供了基础（表8-1）。

表8-1　气候变化对不同生态区超级杂交稻生产的影响

生态区	影响
华北地区	变暖变湿对超级杂交稻生产有利，变暖变干则不利，降水可能减少。
西南地区	近年有些区域变冷，对超级杂交稻生产不利，但未来气候变暖对超级杂交稻生产有利。
华中及华东地区	变暖增加水稻开花和灌浆期受害风险，导致产量和品质降低；有利于种植条件改善和超级杂交稻生产，气候变湿对生产不利。
华南地区	增暖较少有变湿的趋势，增加南方稻区高温遇热害风险，早稻西南部产量下降较多。晚稻西北部产量下降较多，南部下降较少。

气候变化对水稻生产乃至粮食安全都有着举足轻重的作用。而中国作为水稻生产和消费的大国，气候变化对其水稻生产的影响将直接关乎世界人口的粮食安全问题。

气候变化对水稻生产的影响最为核心的还是对产量的影响。无论温度、降水还是伴随的水稻种植环境如何变化，水稻产量都是最值得关注的重点。在未来的气候情景假设条件下，中国的水稻产量变化呈现出较大的区域性变化，气候变化对水稻产量的影响具有很大的不确定性，可能因为生长季内的温度增加、施肥效应等因素造成产量上升，也可能由于极端温度等原因导致产量下降。

从长期角度来看，超级杂交稻并非总是被动地接受气候变化所带来的一切改变，而是由于其适应性逐步与环境同化，缓解气候变化的消极影响，适应新的气候环境。诸如超级杂交稻品种更替、播种时间的变化等，以适应高温或更长的生长季，充分利用光温资源并趋利避害。

气候变暖背景下，我国超级杂交稻生长季长度发生了明显变化，主要表现为适宜播种时间提前或安全成熟时间推迟。在中国1961—2000年40年中，气候生长期在全国范围平均增加了6.6天，北方地区平均增加10.2天，南方地区平均增加4.2天。近50年来，全国范围的双季稻种植北界不断北移，使得原来种植单季稻或稻麦轮作的地区成为适宜双季稻种植的区域，扩大了双季稻的种植范围，理论上也增加了水稻的产量。

超级杂交稻生育期内的平均气温每升高1℃，实际的生育期长度缩短近8天，未来温度继续升高，将进一步导致超级杂交稻生育期缩短，使得东部地区及东北部地区的实际生育期线北移。

5. 水稻耐高温评价及高温热害对超级杂交稻的影响

（1）超级杂交稻高温热害评价。高温热害就是指极端高温对超级杂交稻的生长发育以及产量的形成造成的危害。高温热害的指标由于研究目的与研究方法的不同而各有差异（表8-2）。

表8-2　超级杂交稻热害的不同指标

研究区域	指标	来源
室内试验	32℃是千粒重的伤害温度，35℃是实粒率的伤害温度。	1976年上海植生所
长江流域	连续3～5天≥30℃日平均气温或≥35℃日最高气温。	2007年田小海等
南京、安庆	持续5小时39℃以上的高温或连续3天（5小时/天）以上超过35℃的高温。	2007年郑建初等
湖北省	连续3天以上日最高气温达35℃以上。	2009年张方方等

极端温度可分为极端低温和极端高温，其中极端高温对超级杂交稻的生长发育具有毁灭性的破坏作用，是超级杂交稻丰产稳产的重要威胁。超

级杂交稻孕穗期和抽穗开花期是超级杂交稻产量形成的关键时期，而这些时期正是我国夏季高温出现的时间，也是超级杂交稻发育过程中对极端高温较为敏感的时期。极端高温事件发生的频度和强度增加，对超级杂交稻产量的影响非常严重。

（2）超级杂交稻耐热性评价研究。研究认为，可以通过人工气候室和大田自然处理相结合的方法鉴定杂交水稻耐热性差异，其中大田自然评价法是参照国际水稻研究所的方法，即在大田条件下利用自然温度处理不同超级杂交稻品种时，在日平均气温 30 ℃或日最高气温 35 ℃可以鉴定水稻耐热性。通过结实率作为品种抗/耐高温的评价指标，将抗/耐高温性分为好、中、差 3 类品种，抗/耐高温品种与不耐高温的品种温度阈值差一般为 3 ℃～4 ℃。

（3）高温对产量的影响。我国气候持续变暖，极端高温频繁发生，对超级杂交稻生产造成严重影响。孕穗期和抽穗开花期是超级杂交稻的关键生育期，对超级杂交稻的产量形成具有决定作用，而这些时期也同时是超级杂交稻生命周期过程中对极端高温极为敏感的时期，气候变暖的一个主要特征就是极端温度的变化，气候变化下的极端温度事件发生的频度和强度增加，高温发生与水稻敏感生育时期的重叠，将直接降低超级杂交稻产量。我国各地超级杂交稻生产遭受严重危害的案例时有发生，如 1983—2010 年，江西东北部、赣州北部、吉泰盆地和赣抚平原的高温热害发生频率呈极显著增加。江苏 1998—2009 年平均气温显著升高，以苏南地区高温热害为主。皖浙地区 20 世纪 80 年代中期以后，安徽沿江、江淮区域及浙江金华—丽水一带的早稻高温热害明显增多。四川盆地东部、中部地区水稻高温热害近 20 年呈加重趋势，尤以重庆东北部重度热害增加明显。我国东北大部、长江中下游大部和华南地区西部等水稻高温敏感期热害频率和强度增加。长江中下游、华南北部的部分地区 2003 年 6—8 月出现罕见高于 38 ℃的天气（持续约 20 天），湖北超过 46.6 万公顷单季稻受灾；整个长江流域保守估计稻谷损失达到 5200 万吨。湖南省益阳 2013 年也出现高温天气长达 40 余天（最高气温高达 41.9 ℃），导致早稻遭受“高温逼熟”危害，严重减产。

高温热害主要会造成超级杂交稻结实率降低。有研究表明，营养生长期间和生殖生长期间的超级杂交稻暴露在热害中会导致潜在库——穗数、穗粒数等的损害。杂交籼稻经过 35 ℃胁迫处理后，花粉的活力、花粉萌发率和结实率都下降，且随着胁迫温度的升高和时间的延长，下降剧烈。抽穗期经 35 ℃～41 ℃高温热害后结实率均明显下降，胁迫温度越高、持续时间越长，结实率下降幅度越大。经高温热害处理的水稻，每穗结实率平均比对照降低近 7%，千粒重降低 2.1 克。高温影响水稻的籽粒发育，同时也使稻米品质发生改变，使得稻米的碾磨品质、外观品质、食用品质和营养品质均呈不同程度的下降。

超级杂交稻孕穗期高温会导致地上部总干物重、穗干重及其分配指数显著降低，而减数分裂期高温则使每穗颖花数、结实率、粒重和产量减少。孕穗期随高温处理气温增加和持续时间延长，光合速率和产量降幅越明显；高温胁迫后穗粒数、结实率和千粒重都呈减少趋势，影响程度为结实率＞穗粒数＞千粒重。超级杂交稻抽穗开花期遇高温会显著降低结实率，但对千粒重和每穗粒数影响较小。不同生育期高温均引起籽粒产量显著减少，全生育期高温导致平均减产幅度最大为 91.3%，以抽穗期对高温胁迫最为敏感，减产达 58.5%。超级杂交稻生育后期高温会加快早期灌浆速率，缩短灌浆时间，影响灌浆进程，以致千粒重减轻。抽穗灌浆期高温胁迫导致超级杂交稻结实率和粒重显著减少，造成产量严重降低。

我国超级杂交稻区域性气候生态使不同年份不同区域大面积种植超级杂交稻产量具有很大的不确定性。同时极端高温也可能引起稻田周围杂草、虫害、病害等，也间接影响超级杂交稻的产量。从物种进化方面研究，超级杂交稻物种进化是其主动适应生态变化、逐步与生态环境同化，缓解生态环境带来的消极影响，从而适应新的气候生态变化，而不是被动地接受气候生态变化所带来的负面改变。诸如：超级杂交稻第一期品种到第五期品种更替，产量从700千克到900千克变迁是超级杂交稻优良的品种资源与变化的生态环境相适应的结果。

（4）高温对超级杂交稻生长发育的影响。高温胁迫发生在超级杂交稻不同的生育期内，对其生长影响不同，且不同组合耐高温能力有较大差异，其中对产量影响最大时期为开花期，其次是穗分化期、孕穗期、灌浆初期。有研究表明，超级杂交稻结实对高温最敏感的时期为减数分裂期和开花期，拔节期发生高温会引起花粉发育异常，枝梗和颖花发育受阻，颖花数量减少，抽穗延迟，孕穗期与抽穗开花期遇高温会阻碍花粉发育，导致受精不良。小孢子形成阶段高温，花粉母细胞发育异常、四分体无法适时分散；而花粉粒成熟阶段，花药壁和花粉粒使其形态异常并败育。开花期遇高温会降低花粉粒膨胀的能力，致使花药开裂受阻，花粉活力及柱头活力下降，结实率降低。开花前高温会引起花粉内淀粉严重降解，造成花粉活力降低，开花时高温则会引起花粉粒皱缩，直径变小。灌浆期至成熟期，低于30 ℃时，灌浆速率随平均气温增加而加快，灌浆时间缩短；高于35 ℃，灌浆初期会使籽粒灌浆不完善，增加半秕粒数，速率加快，从而影响千粒重。综上所述，超级杂交稻对高温最为敏感的时期主要集中在拔节期之后，特别是抽穗开花期花粉开裂程度、花粉活力、柱头花粉数受到的影响最大。因此，超级杂交稻生产过程中，使开花期避开高温天气对提高超级杂交稻结实率非常必要。

（5）超级杂交稻耐高温适应性特性。

1）大气温度。水稻为喜温作物，温度是影响其生长发育及产量的主要气候因子之一，以双季稻为主的一年多熟制生产区域，大气温度必须满足水稻生长一季的基本要求，即年积温2000 ℃～3700 ℃，并且要求有效积温天数110～200天；适宜大气温度条件：年积温达到5800 ℃～9300 ℃，在其他条件（光照、降水量及土壤肥力）都充足的条件下，且年有效积温天数大于260天以上时。

2）大气湿度。大气湿度是影响水稻生长及产量的生态因素之一。大量研究表明，大气湿度与光合速率存在显著相关性。群体相对湿度过大明显不利于籽粒灌浆，会引起纹枯病等病害发生，且影响开花时花粉活力持续时间，进而影响受精率和结实率，但对灌浆速度影响不明显。晚稻孕穗至成熟期的空气温度与相对湿度对灌浆及空壳率影响的研究表明，相对湿度对超级杂交晚稻灌浆速度影响较小；大气相对湿度50%～60%时，超级杂交稻光合能力最强，而干热风的日最小相对湿度≤30%。

3）大气温度、湿度互作。大气温度与湿度相互联系，共同发生作用，高温高湿对花粉开裂和花粉散出具有不利影响；高湿会引起稻穗表面温度升高，进而影响花粉活力。超级杂交稻抽穗期高温（30 ℃～35 ℃）、高湿（空气相对湿度85%～90%）会明显增加籽粒不育率。高温高湿条件不利于水稻气孔开放和稻体组织温度调解，导致水稻实际热害加重，而适度空气湿度有利于降低穗部温度，提高小穗育性。

超级杂交稻抽穗开花期高温时，若再遭受高湿或者干旱，会导致不育率大幅提高；高湿会引起空气饱和蒸气压降低，气孔导度下降，蒸腾速率变慢，叶温升高，花器官严重受损，花粉数少及散粉和延伸性差。湿度高低对花药开裂有直接影响，一定范围内，湿度越低，花药开裂表现越好；湿度对高温危害具有较大影响，湿度过高或过低都会加剧高温热害。高温低湿会加重干旱对超级杂交稻生长的不利影响。

4）超级杂交稻应对高温具体措施。①培育耐高温的超级杂交稻品种。培育耐热品种是解决超级杂交稻对高温不适应的有效方法。在育种方面也有一些成果，有一些耐热品种培育成功，但是其农艺性状都不是很好，产量也不是很高，故这方面的研究还有待进一步开展。如：耐热性好的超级杂交稻在正常气温条件下，产量潜力不一定是最大的，但在高温条件下，其产量的稳定性最好。②抽穗开花期避开高温频繁期。抽穗开花期高温热害连续3天最高温度高于或等于35 ℃时，超级杂交稻湘两优900的产量减产达360千克/公顷。从产量结构分析，高温指数增加，有效穗和千粒重均减少，空秕率不断增加。因此，在长江流域种植超级杂交稻抽穗开花期避开7月13日至8月21日，此时高温天气频发，极端高温的发生频率和强度均较高，对超级杂交稻丰产稳产影响较严重。③超级杂交稻品种布局。在超级杂交稻生产中，耐高温品种应布局到超级杂交稻生长中后期，尤其是孕穗期和抽穗开花期易遇高温伏旱的地区，以降低高温对超级杂交稻生产的危害，稳定超级杂交稻面积与单产。相反，不耐高温的品种，有的单产较高，应布局到无高温地区，以充分发挥其产量潜力。

因此，不同地区气候不同，选择品种进行栽培和推广不能按统一标准要求，而应从科学分析角度出发，因地制宜，充分利用各地的环境资源优势，发挥品种的最大增产潜力，进一步提高超级杂交稻产量。

6. 低温冷害分类及其对杂交水稻的影响

（1）低温冷害的定义。低温冷害是指水稻在生长季期间，气温降至其生长最适温度以下及0 ℃以上的温度区间导致水稻生长停滞或生育障碍的现象。

（2）低温冷害的分类及危害。水稻低温冷害类型可划分为延迟型冷害、障碍型冷害和混合型冷害。

1）延迟型冷害是指水稻在营养生长期间发生的长时间冷害，会导致生育期延迟，一般发生在播种育秧期。

2）障碍型冷害则是发生在生殖生长时期（生殖器官分化到抽穗开花）的短时间异常低温，破坏水稻生殖器官的生理机能，导致颖花不育，籽粒空瘪，一般发生在抽穗扬花期。

3）混合型冷害是指在水稻整个生长期，上述两种冷害相继出现。

长江中下游地区处于亚热带季风气候区，在春季，水稻受高纬度大气环流及西太平洋副热带高压等天气系统的控制容易发生低温冷害。在3—4月份播栽期间，北部的冷气团与南部的暖湿气团交互频繁，气团交汇时常形成低温阴雨天气，当低温阴雨天气持续多日，且日平均气温下降到12 ℃及以下时，就会造成超级杂交稻烂种烂秧，这就是超级杂交稻的春季低温冷害，俗称“倒春寒”，属于延迟型冷害，不仅浪费种子，还会导致后期补种，使得生育期延迟。而在秋季9—11月份，北半球逐渐变冷，大气环流和气候发生急剧变化。从北方南下入侵中国的冷空气活动频繁，势力强大的冷空气一旦入侵长江以南地区就会形成低温冷害。在“寒露”节气前后往往是超级杂交稻晚熟品种抽穗开花的关键时期，由于冷空气南下造成空壳瘪粒而减产，就是超级杂交稻的秋季低温冷害，也称“寒露风”，属于障碍型冷害，会对花粉粒萌发和花粉管伸长、开花授粉、颖花张开和花药开裂产生不良影响，影响安全齐穗，从而造成稻穗空秕粒增加，结实率下降，最终导致减产或绝收。

同时研究还表明：低温会抑制超级杂交稻植株叶片的光合能力，且低温持续时间越长，抑制作用也越强；超级杂交稻的灌浆速率、结实率以及干物重均与低温持续时间呈负相关。

（3）低温冷害的指标评价。

当水稻在生长期遭受了较长时间的持续性低温寡照天气或者短期的强低温天气，就会形成低温冷害（表8-3）。

表8-3　　超级杂交稻低温冷害胁迫指标

生育时期	低温冷害指标（孙雯，2008）	危害（陈燕，2021）	症状
育秧期（播种后30天）	连续3天以上日均温≤12 ℃	临界日平均温度16 ℃～18 ℃，平均气温降低1 ℃，抽穗期延长3～4天。	生长速度减慢，烂种烂秧。
孕穗期（抽穗开花前45天）	连续3天以上日均温≤20 ℃	临界日平均温度18 ℃，平均气温降低1 ℃，结实率下降6%左右。	每穗枝梗分化数和粒数减少，并发生大量不孕粒。

续表

生育时期	低温冷害指标（孙雯，2008）	危害（陈燕，2021）	症状
抽穗开花期（始穗-始穗后20天）	连续3天以上日均温≤22 ℃	临界日平均温度20 ℃，对产量影响较大。	花粉发芽率下降，花药不开，颖壳开裂角度变小，影响受精，增加空瘪粒，籽粒不能完好成熟。

为确定极端低温持续时间对超级杂交稻生产的影响，将不同生育期内不同低温持续天数量化为极端低温度胁迫，即根据低温的持续天数对超级杂交稻的伤害程度，可将冷热害分为轻级（3～4天），中级（5～6天），重级（7～9天）和特重级（大于9天）（表8-4）。

表8-4　不同连续天数极端低温的胁迫程度（孙雯，2008）

生育期	极端低温连续的天数/天							
	2	3	4	5	6	7	8	≥9
育秧期	—	1.0	1.5	2.0	2.5	3.0	3.5	4.0
孕穗期	1.0	1.04	1.08	1.12	1.17	1.21	1.26	1.31
抽穗开花期	—	1.0	1.04	1.08	1.12	1.17	1.21	1.26

长江中下游平原是我国主要的水稻种植区之一，而在每年的春季和秋季，受北方冷空气影响，长江中下游地区春季容易遭遇“倒春寒”，造成烂种烂秧；秋季容易遭遇“寒露风”，影响抽穗结实，这是影响南方水稻生长发育的两种主要的低温冷害类型。

（4）低温冷害对产量的影响

“倒春寒”和“寒露风”这两种冷害对长江中下游的超级杂交稻生长造成严重危害。如因为“倒春寒”会导致烂种烂秧，长江中下游地区在1970年遭遇“倒春寒”导致稻种损失达4亿千克，1976年损失稻种达6.5亿千克。1971年和1972年长江中下游地区约有10%的稻田受害。“寒露风”给水稻产量带来的损失同样不容小觑。1971 年 9 月中下旬，江西出现连续 7 天的偏北风，日平均气温下降到 17 ℃以下，多个县市空壳率达到 30%～50%，严重的超过 70%，甚至没有收成。2020 年，湖南、江西、湖北、江苏等长江中下游地区水稻受低温寡照天气影响，空壳率为 30%～90%，部分地区甚至颗粒无收。受气候变暖影响，近年来，长江中下游地区严重低温冷害情况有所减少，主要以轻度灾害为主，但气候变化也导致极端气候事件趋于频繁，超级杂交稻生长期间温度变化大，短期极端低温造成的区域性冷害仍存在频繁且严重的趋势，2001—2009 年水稻低温冷害的发生频率就高于 1991—2000 年。此外，气候变化还导致长江中下游双季稻种植区北界北移，向北推进近 300 千米，加大了超级杂交稻遭受低温冷害的风险。

超级杂交稻低温冷害具有突发性和群发性的特点，而及时有效的防寒措施可以减少低温冷害带来的损失。

（5）超级杂交稻应对低温冷害具体措施。

1）选当地超级杂交稻品种。选用抗寒性强的品种，以中熟品种为主。

2）适时早插。当日平均泥温稳定达到 12 ℃以上时，可适时早插。根据超级杂交稻品种灌浆期的长短确定适宜抽穗期，倒推适宜的插秧期，既可以防御低温冷害，又能避免抽穗过早造成后期温度资源的浪费及早衰，及发生穗颈瘟、稻瘟病概率。

3）控制氮肥，增施磷、钾、硅、农家肥，叶面喷施镁肥。如低温冷害年份，氮肥建议减少 20%～30%，合理搭配前后期氮肥的比例（70%～80%氮肥作底肥和分蘖肥），也有利于早熟，避开低温。增施磷、钾、硅肥，能使稻株健壮，抗逆性增强，不仅有助于插后返青，还可促进植株的出穗、开花、成熟。增施农家肥，既能改良土壤又能促进早熟。灌浆期叶面喷施镁肥，可改善超级杂交稻品质，稻米口感更佳。

4）科学田间管理。穗分化时遇低温灌深水；施用促早熟的生长调节剂，如增产灵、磷酸二氢钾和尿素混合液，收效较好。

第九章　超级杂交稻主要病虫草害综合防控技术

一、病害防控技术

1. 稻瘟病

稻瘟病又称稻热病、火烧瘟，属真菌性病害，是我国水稻三大主要病害之一，也是对超级杂交稻威胁最大的病害。我国南北稻区都有不同程度的发生，整个生育期都可以发病，其发病的轻重则因年份和地域而异。以日照少、雾露持续时间长的山区和气候温和的沿江、沿海地区为重。稻瘟病菌以分生孢子和菌丝体在稻草和稻谷上越冬，主要由种子带菌引起，翌年气温适宜时产生的分生孢子借风雨或气流传播。由于病菌侵入的时间和部位不同，表现的症状也不同。因此，根据发病部位分，秧苗3叶期前发病为苗瘟，3叶期后稻叶上发生病斑为叶瘟，节瘟常在抽穗后发生，黑褐色病斑，绕节扩展（图10-1）。穗颈瘟发生在穗颈部，初为暗褐色，后变成黑褐色，并形成白穗（图10-2）。谷粒瘟发生在谷粒的内外颖上，产生

图10-1　叶瘟

图10-2　穗颈瘟

褐色椭圆形或不规则病斑。造成田块间发病轻重不一的主要原因，是栽培管理措施（肥、水等）和品种的抗病性。综合防治策略是以选育和推广丰产抗病品种（组合）为基础，切实抓好以肥水管理为主的高产栽培措施，尽可能消灭越冬菌源，适时开展药剂防治，并采用“狠抓两头，巧治中间”的防治策略。综合防控技术与措施如下：

（1）推广应用抗病品种。选用抗病性强的品种（组合）是防治稻瘟病最经济有效的措施。要根据稻瘟病菌生理小种情况，做到抗病品种合理布局。同时要注意品种（组合）的适时更替，在生产上要特别注意超级杂交稻中一些对稻瘟病抗性很差或易感品种（组合）的更替和防治。调整品种（组合），一方面可避开发病季节，如我国南方稻区早稻破口抽穗期与梅雨天气相遇，易造成穗颈稻瘟，在发病区推广种植迟熟品种，避开有利于穗颈瘟发生的气候条件；另一方面可避免因品种单一而造成病菌生理小种的变化。推广应用超级杂交稻不同品种（组合），需在了解和掌握稻瘟病抗性水平的基础上，不要大面积种植同一品种。

（2）消灭越冬菌源。不用带病种子，及时处理病谷病草，在收获时对病田的稻谷稻草要单独堆放，春播前处理完毕。注意不要用病草催芽或捆扎秧苗，病草还田时要深翻沤烂，用作堆肥的稻草，应充分腐熟后施用。

（3）种子消毒处理。稻种应从无病田或轻病田选留，带菌种子是大田苗瘟、叶瘟的初次浸染来源之一，应严格进行种子消毒和灭菌处理。一般可选用包衣剂的种子，对未包衣的种子则必须进行消毒处理。可用 300 倍的强氯精水溶液浸种 12 小时后，用清水冲洗干净，再浸种或直接催芽；或用 2 毫升浸种灵加水 10 千克，浸种 6 千克，浸 2～3 天后催芽播种或直接播种。还可用 40％稻瘟灵或 50％多菌灵可湿性粉剂 1000 倍液，浸种 2～3 天，捞起沥干，再用清水洗净药液后催芽。还可用 20％三环唑可湿性粉剂 500 倍液浸种 48 小时，也可按种子重量的 0.1％用三环唑，或 25％咪鲜胺 2000 倍液进行种子消毒。

（4）加强健身栽培。播种适量，培育粗壮老健无病秧苗是控制苗叶瘟的关键，科学管理肥水是综合防治稻瘟病的重要措施。要注重合理施肥及其“NPK三要素”的配合。施肥原则是：施足基肥，早施追肥，中后期看苗看天看田巧施肥，增施磷钾肥，适当施用硅肥及锌肥、硼肥等，不偏施氮肥，巧施穗肥。该病常发地区和易发病田块应不施或慎施穗肥。管水必须与施肥密切配合，实行科学合理排灌，以水调肥，浅水勤灌，结合晒田达到促控结合。根据水稻不同生育期采用不同的管水方法，在分蘖末期及时晒田，可以增强植株的抗病能力，控制叶瘟的发展，抽穗期灌浅水满足花期需要，乳熟期湿润灌溉，黄熟期干湿交替，有利于后期亮秆黄熟，减轻发病。

（5）及时开展药剂防治。根据测报和田间调查，及时施药保护处于易感期的稻株及感病品种，稻瘟病常发区要采取抑制苗瘟、叶瘟和狠治穗颈瘟的药剂防治策略。常发区应在秧苗3～4叶期或移栽前5～7天施药预防苗瘟，分蘖期叶瘟要重点控制出现发病中心的稻田，孕穗末期病叶率2%以上，剑叶发病率1%以上的田块需及时施药防治，穗颈瘟在破口抽穗期（破口率10%，抽穗率5.0%左右）是药剂防治的关键时期，必要时齐穗期可再施药一次。常用药剂每亩用量：9%吡唑醚菌酯微胶囊剂1000倍，或22%春雷三环唑悬浮剂500倍液，或20%三环唑可湿性粉剂100克，或75%三环唑可湿性粉剂40克，或40%稻瘟灵乳油100毫升，或25%咪鲜胺乳油100毫升，或2%春雷霉素水剂100毫升。此外，还有多抗霉素、嘧菌酯、肟菌·戊唑醇等药剂。以上各药剂可任选一种均按兑水量每亩用50～60千克进行常规常量喷雾，也可推广应用植保无人机进行超低容量喷雾。

2. 水稻纹枯病

水稻纹枯病俗称花脚病，属真菌性病害，是超级杂交稻常发且危害严重的病害，具有发生面广、大发生频率高、危害重、损失大的特点。纹枯病菌主要以菌核在稻田土壤中或病草及杂草残体上越冬，气温适宜时菌核萌发，产生菌丝，侵入叶鞘。从苗期至抽穗期都可发生，一般在分蘖盛、末期至抽穗期发病，以抽穗前后发病最盛，以分蘖期和孕穗期最易感病，主要侵害稻株叶鞘和叶片，严重时可危害穗部或伸入茎秆内部。发病初期先在近水面处叶鞘上产生暗绿色水渍状小斑，逐渐扩大呈椭圆形云纹状病斑。纹枯病的发生流行受菌源数量、品种抗耐性、栽插密度、气候条件及肥水管理等因素的影响，而田间小气候及稻株不同生育期是影响发病轻重的主导因素。纹枯病属高温高湿性病害，也是多肥茂盛嫩绿型病害，超级杂交稻茎粗叶茂施用氮肥多，生长茂盛，田间郁闭，湿度增大，再因天气多雨，往往发生严重。对于一些长期灌水田，偏施迟施氮肥，造成水稻嫩绿徒长，或者插植过密，不通风透光，疏于晒田的稻田都有利于纹枯病的发展蔓延（图 10－3）。综合防控策略是消灭或减少菌源，加强肥水管理，配方施肥，适时晒田，根据田间病情掌握防治指标及时施药。综合防控技术与措施如下：

（1）清除菌核，减少菌源。一般应在灌水耕田和耙田时打捞漂浮在水面上的浮渣菌核，尽可能地大面积连片打捞，坚持每年早晚各季稻田进行打捞，并将打捞的浮渣菌核带出田外深埋或烧毁，以减少田间菌源，并铲除田边杂草。

早期　　中期　　晚期

图 10－3　水稻纹枯病

（2）选用抗耐性品种。目前虽然尚未发现免疫和高抗纹枯病的品种，但不同品种（组合）间对纹枯病的抗耐性和抗感反应是存在一定差异的，一般阔叶型品种比窄叶型品种发病重，超级杂交稻由于植株高大，茎秆粗壮，对纹枯病的耐害性一般都较强。

（3）加强健身栽培，注重肥水管理。在栽培上要求合理密植，在保证基本苗数的情况下，可因地制宜地放宽行距，实行宽窄行栽培，改善水稻群体通风条件，尽量使田间通风透光，降低田间湿度，减轻发病程度。在用肥上应施足基肥，早施追肥，氮肥和磷钾肥相结合，增施硅肥，不偏施氮肥，推广配方施肥技术，使水稻前期不披叶，中期不徒长，后期不贪青。在管水上坚持“前浅、中晒、后湿润”的原则，做到浅水分蘖，苗足露田，晒田促根，肥田重晒，瘦田轻晒，湿润长穗，适时断水，防止早衰。特别是中期晒田至关重要，可以促进水稻生长健壮，以水控病，提高抗病力，在生产中需注意避免长期深灌或晒田过度。

（4）科学、合理、适时用药。纹枯病药剂防治适期为水稻分蘖末期至孕穗初期。防治指标一般在分蘖末期病蔸率为15.0％～20％；孕穗初期病蔸率为20％～30％；超级杂交稻在剑叶下一叶（倒2叶）全部抽出时，病蔸率达30％以上的稻田继续用药一次的效果最好。注意根据田间实际病情进行第3次用药，也可结合防治二化螟、稻飞虱、稻纵卷叶螟及其他病虫，特别是在雨水较多的高温高湿天气要连续用药2～3次，间隔期10～15天。每亩防控药剂用量：325克/升苯甲嘧菌酯30毫米，19％啶氧丙环唑60毫升；5％井冈霉素水溶性粉剂100克，或5％井冈霉素水剂200毫升，或10％井冈霉素水剂100毫升，或20％井冈霉素可溶性粉剂30克，井冈霉素与多菌灵混用有一定的增效作用。还有井冈霉素混配其他生物药剂，如12.5％纹霉清水剂或12.5％克纹霉水剂每亩用200毫升，20％纹真清悬浮剂或40％纹霉星可湿性粉剂，或20％纹曲宁可湿性粉剂每亩用50～80克；其他药剂还有30％苯甲丙环唑乳油每亩用20毫升，或10％己唑醇乳油40毫升。另外，还有丙环唑、氟环唑、戊唑醇、烯唑醇、噻呋酰胺等。以上各种药剂可任选其中一种使用，均按兑水量每亩用50～60

千克手动喷雾或利用植保无人机喷洒，使药液能均匀到达稻株的中下部。

3. 稻曲病

稻曲病又名绿黑穗病、谷花病，俗称“丰收果”，属真菌性病害，是超级杂交稻重要的病害之一，其发病程度比常规稻重。病菌以土中的菌核或种子上的厚垣孢子越冬，翌年气候适宜时萌发产生分生孢子随气流传播，这是一种危害水稻穗部的病害，在水稻开花后至乳熟期发生。由于病菌在稻谷颖壳内生长，初期受浸染的谷粒颖壳稍张开，露出黄绿色的小型块状突起，后逐渐膨大，并将颖壳包裹起来形成“稻曲”。稻曲比谷粒大数倍，近球形，为黄绿或墨绿色，呈龟裂状，并散发墨绿色粉末，有毒。在一个稻穗上通常有一至几粒，严重的多达十几粒甚至更多。稻曲病不仅毁掉谷粒，而且还能消耗整个病穗的营养，致使其谷粒不饱满，随着病粒的增加，空秕率上升，千粒重下降，不仅影响产量，而且造成稻米品质严重下降。从抽穗后至成熟期均能发生稻曲病，其中以孕穗末期最易感病，气候条件是影响稻曲病发生危害的重要因素，特别是与降雨量和温度的关系最为密切。在水稻孕穗至抽穗期，由于高温多湿，病菌最宜生长发育，长期低温寡照、多雨易减弱水稻的抗病性。特别是在抽穗扬花期如遇多雨低温，或者阴雨连绵，田间淹水、串灌、漫灌，则易导致稻曲病的大发生。另外，化肥用量增加，偏施或重施氮肥以及穗肥用量过多，水稻抽穗后生长过于繁茂嫩绿，造成贪青晚熟，发病加重；超级杂交稻及杂交稻大穗型组合易感病，发生较重（图 10－4）。综合防控技术与措施如下：

（1）选用高产抗病品种（组合）。水稻品种之间的抗性有一定的差异，一般来说，散穗型的早熟品种发病较轻，大穗型、密穗型的迟熟品种发病较重，杂交稻孕穗期长的组合比短的组合发病重。

（2）选用无病稻种，搞好种子消毒。播种前结合盐水选种，淘汰病粒，用 57 ℃温水进行温汤浸种 10 分钟后，洗干净催芽播种，用生石灰 0.5 千克兑水 50 千克，浸种 30～35 千克，浸种时间为 3 天左右。可用 10%抗菌剂“401”约 1000 倍液浸种 48 小时，有灭菌和催芽作用，也可用

发生危害轻　　发生危害较重

图10-4　稻曲病

15%三唑醇粉剂1.0～1.5克拌稻种1千克，24～48小时后不经催芽可直接播种，还可每亩用3%苯醚甲环唑悬浮种衣剂50毫升拌种，效果都较好。

（3）加强田间管理。早期田间发现病粒应及时摘除，并带出田外烧毁，重病田块收获后应进行深耕翻埋菌核。注意保持田间清洁，水稻播种前注意清除病残体及田间的病原物，以减少菌源。

（4）坚持合理施肥。多施有机肥，氮、磷、钾肥配合施用，防止过多或过迟施用氮肥，氮磷钾肥采取基肥，追肥早施，蘖肥和穗肥各1/3，不要过多施用穗肥。科学施用叶面肥补充养分，抽穗期每亩可用磷酸二氢钾150克和硫酸锌100克，兑水50千克喷洒，还可喷洒0.1%～0.2%硼砂溶液。

（5）加强测报。据研究报道，稻曲病菌侵入晚稻，一般在9月上、中旬，这个时期的雨温系数的大小，对当年10月上中旬稻穗病粒的多少影响极大。如果9月上中旬雨天多，温度为25℃～30℃，则有利于该病的大发生，注意做好防治准备。

（6）药剂防治。稻曲病防治适期必须在杂交稻破口期前的5～7天第一次施药，再在破口抽穗盛期进行第二次施药效果最好。常用药剂：每亩用30%苯甲丙环唑乳油20毫升；或15.5%保穗宁可湿性粉剂100～120

克；或20%井冈腊芽可湿性粉剂80～100克；或15%三唑酮可湿性粉剂80克；或10%己唑醇乳油40毫升，或23%醚菌·氟环唑60毫升，均可兑水50千克常规喷施在水稻上或应用植保无人机。此外，还有丙环唑、氟环唑、戊唑醇、肟菌·戊唑醇等三唑类药剂效果都很好。

4. 水稻白叶枯病及细菌性条斑病

水稻白叶枯病属细菌性病害，是水稻主要病害之一，20世纪80年代我国南方稻区曾大面积发生流行，以后随着品种抗性的提高逐年减轻，近年沿海地区超级杂交稻上又有加重趋势。病菌主要在稻种和稻草上越冬，是翌年此病主要的初次浸染来源，播种或移栽后由叶片水孔和伤口侵入，借风雨、流水等传播蔓延。水稻整个生育期均可受害，主要危害叶片，病斑先从叶尖和叶缘开始，后沿叶缘两侧或中脉发展成波纹状长条斑，病斑黄白色，病健部分界线明显，严重时病斑灰白色，远看一片枯白。田间湿度大时，病叶片上可见分泌出的黄色珠状菌脓，干枯后变成硬粒，易脱落。成株期常见的典型症状为叶枯型、急性型、中脉型、凋萎型和黄化型。白叶枯病以孕穗期最易感病，分蘖期次之（图10-5）。

另外，细菌性条斑病（简称细条病），也属细菌性病害。初期症状表现为叶尖有红色细条斑，如遇连续阴雨大风天气，过后几天叶尖的红色条斑沿叶脉迅速扩展，条斑可连接，严重的则可造成全田叶片变成红色或黄褐色，并有黄色菌脓溢出（图10-6）。

图10-5　白叶枯病大田危害症状

图10-6　细菌性条斑病大田危害症状

白叶枯病和细条病的发生流行与气候因素、肥水管理、品种抗性等都有密切关系，特别是大风暴雨、洪涝灾害往往造成其大流行，深灌、串灌、氮肥过量等水肥条件也有利于其迅速传播，易暴发成灾。此两病的综合防控策略是种植抗病良种，选用无病稻种，预防秧苗发病，加强肥水管理，及早施药防治。综合防控技术与措施如下：

（1）选用抗病或无病品种（组合）。水稻品种之间对该病的抗性存在很大差异，一般抗病品种对白叶枯病的发生危害都具有较好的抗性作用，其抗病性也相对稳定，在常年发病区可选用适合当地种植的2～3个主栽抗病品种。另外，超级杂交稻最好在无病区制种，严防病菌传入。

（2）严格种子消毒，妥善处理病草。对于带菌种子必须进行药剂处理，可采用浸果灵或者40%强氯精300倍液进行浸种消毒；也可用85%三氯异氰尿酸500倍液浸种，或用20%噻枯唑可湿性粉剂500倍液浸种，或70%二烯丙基硫化物或10%叶枯净2000倍液浸种12小时；洗净后催芽播种。严防秧田受涝，培育无病壮秧。稻草残体应尽早处理，不用病草扎秧、覆盖秧苗、堵塞田口等。秧田选择背风向阳、地势较高、排灌方便的场地，并防止大水淹田。

（3）加强肥水管理和健身栽培。健全排灌系统，实行排灌分家，不要灌深水，不准串灌、漫灌，严防涝害。底肥足、追肥早，按叶色变化科学用肥，按配方施肥，坚持氮磷钾及微肥平衡施用，增强植株抗病能力，使禾苗健身稳长。

（4）抓住关键时期，开展药剂防治。药剂防治的关键是早发现、早防治，发病区重点在于秧田期喷药保护，晚稻秧田在灌水扯秧前喷药一次，带药下田。大田期封锁发病株和发病中心，在防治上要求做到“发现一点治一片，发现一片治全田”的施药原则。主要是分蘖期及孕穗期的初发阶段，特别是在田间出现急性型病斑，气候又有利于发病时，则需要立即施药防治，大风暴雨后的发病田及其相邻稻田，淹水稻田都是防治的重点，从而有效控制此病害的蔓延。在防治上，可选用的主要药剂及其每亩用量：20%叶枯唑（叶青双）可湿性粉剂100克，或25%叶枯灵（渝-7802）可湿性粉剂200克，或70%叶枯净（杀枯净）胶悬剂100克，或20%噻菌铜悬浮剂（噻森铜）100毫升，或90%克菌壮可溶性粉剂80克。也可用三氯异氰尿酸600倍液，或金霉唑噻霉酮700倍液，或西吗啉噻霉酮1300倍液。另外，还有3%中生菌素，24%农用链霉素、2%宁南霉素、枯草芽孢杆菌等生物药剂。上述药剂可任选一种轮换使用，分别兑水50～60千克叶面常规喷雾，或植保无人机超低容量喷雾，每隔7～10天再喷施一次，共施2～3次。

细菌性条斑病（细条病）的防控技术与白叶枯病相同，请参照白叶枯病的综合防控技术与措施。

二、虫害防控技术

1. 水稻二化螟

水稻二化螟俗称“钻心虫”，属鳞翅目螟蛾科害虫。由于超级杂交稻茎秆粗壮，髓腔较大，叶色浓绿，植株内富含营养，淀粉含量高，可溶性糖多，硅酸含量减少，具备了二化螟多发的有利条件，从而发生面积广，大发生频率高，虫口密度大，危害严重。二化螟在我国南方稻区自20世纪80年代以来随着杂交水稻的发展已成为主要害虫，以高龄幼虫在稻蔸、稻草或茭白内越冬，抗寒性较强，并由以前危害早稻发展到现在危害中稻和晚稻。二化螟危害水稻，以幼虫钻蛀危害，在分蘖期造成枯鞘和枯心苗（图10-7）；在孕穗期造成死孕穗；抽穗期造成白穗（图10-8）；乳熟期造成虫伤株或半枯穗，受害茎上有蛀孔，同一茎秆内常有多头幼虫，茎内虫粪较多。成虫具有趋光性和趋嫩绿性，每头雌虫产卵2～3块，每块有卵50～80粒。蚁螟孵化后，先群集在叶鞘内危害，蛀食叶鞘组织，造成枯鞘，2龄开始分散转移后钻蛀到稻株内部造成枯心或白穗等。

图10-7　二化螟危害造成的枯鞘

图10-8　二化螟危害造成的白穗

对二化螟的防控，采取“狠治一代，控制二、三代，挑治四代”的策略，推广应用性诱剂、赤眼蜂、杀虫灯等绿色防控技术，把螟害损失控制在最低水平。综合防控技术与措施如下：

（1）降低越冬虫源基数，开展深水灭蛹。一般冬闲田要在冬前翻耕浸田或翌年4月上旬灌深水淹田3～5天；湖区免耕田入春后可长期灌水淹田；绿肥留种田在4月上旬灌水淹田2～3天。灌深水能淹死大部分越冬幼虫和蛹。抛秧田可提早灌水翻耕，结合春耕将稻蔸稻草翻入土中，有利于消灭在稻蔸上越冬的虫源，从而有效降低虫口基数。

（2）调整水稻布局，推行栽培避螟。推广水稻轻简栽培技术，在生产上改单、双季稻混栽共存为大面积连片种植双季稻或一季稻，有效切断虫源，尽量减少有利二化螟发生繁殖的“桥梁田”。适当调整与合理搭配早稻的早、中、迟熟品种，坚持以早、中熟品种为主，适当减少迟熟品种面积，适时移栽，从时间上避开一代二化螟的危害时期和水稻的危险生育期，减轻一代二化螟的发生数量和全年发生基数，达到栽培避螟的目的。

（3）选择利用抗耐性强的品种。水稻品种（组合）对二化螟的抗耐性不同也影响到螟害的轻重。抗螟性或耐害性较好的品种（组合），一般茎壁较厚，髓腔较小，维管束之间距离及叶鞘气腔均较小，茎秆和叶鞘内的硅化细胞增高，叶绿素含量偏低。同时减少和淘汰一些特别感虫的品种（组合）。超级杂交稻前期易受害，但后期由于茎秆粗壮，茎壁较厚，蚁螟较难侵入。

（4）保护利用自然天敌。田间有多种游猎型蜘蛛都可捕食水稻二化螟的初孵幼虫，特别是狼蛛科捕食能力很强。一头拟环纹豹蛛一天可吃掉一块二化螟卵孵出的所有蚁螟。晚稻田自然天敌多，除主要天敌蜘蛛外，还有步甲、虎甲及其他捕食性天敌。寄生性天敌主要种类有稻螟赤眼蜂、澳洲赤眼蜂、螟蛉绒茧蜂、螟蛉瘤姬蜂、广大腿小蜂、稻苞虫赛寄蝇等。有条件的地方可在稻田人工释放稻螟赤眼蜂，效果较好。在施药时要选择对天敌杀伤小的农药品种、剂型，改进施药方法，注意保护田间自然天敌。

（5）应用昆虫性信息素（性诱剂）。利用二化螟性诱剂开展大田诱捕，诱杀成虫和干扰雌雄蛾交配。生产上常用的水盆诱捕器，操作时要注意保持盆口始终高出稻株约 20 厘米，诱芯离盆中水面 0.5～1.0 厘米，水中加入 0.3%洗衣粉，每天傍晚加水至水位口，每 10 天更换一次盆中清水和洗衣粉，每 20～30 天更换一次诱芯，以达到无公害防治的目的。近年生产上大面积应用白色筒形诱捕器和笼罩诱捕器，装好诱芯后可直接插入大田，每亩放置 1～2 个。

（6）应用诱蛾杀虫灯开展灯光诱杀。利用二化螟的趋光性诱杀成虫，特别是在发蛾盛期，诱杀效果好，每晚每灯一般可诱杀 200 多头二化螟成虫。每一盏灯可控制水稻面积 3～4 公顷，灯控区稻田可降低螟虫落卵量 70%左右，虫量少、危害轻。一般 5 月初开灯，10 月中旬停灯。此种防治方法一次投资，可反复使用，经济有效，无毒无害。目前生产上大面积应用的主要有河南佳多牌频振式杀虫灯、湖南神捕牌扇吸式益害分离杀虫灯等。

（7）适时开展药剂防治。二化螟：查卵块孵化进度定防治适期，查苗情、卵块密度、枯鞘株率定防治对象田。掌握虫情，选准药剂，掌握幼虫孵化盛期至低龄幼虫期的防治关键时期，采用“狠治第一代，控制二、三代，挑治第四代，兼前顾后打主峰”的化防策略。防治指标和防治适期：一般要求掌握每亩查螟卵50块以上；或每块田查枯鞘株率3.0%以上定为防治指标。一般年份在蚁螟孵化高峰后2～3天施药一次，大发生年份在蚁螟孵化高峰施药一次，5～7天后再施第二次药。防治白穗必须掌握在水稻破口初期（破口10%左右）用药，效果较好。近年生产上的常用农药种类和使用方法：20%氯虫苯甲酰胺每亩用量15毫升，或5%阿维菌素每亩用量100～150毫升，或5.7%甲氨基阿维菌素苯甲酸盐（甲维盐）每亩用量80～100克，10%甲氧虫酰肼每亩用量100毫升。以上各药剂可任选一种均按每亩用量兑水50～60千克手动喷雾，或兑水6～8千克机动喷雾，或应用植保无人机施药，施药时田间需保持水层3～5厘米，药后5～7天不排灌。

2. 稻纵卷叶螟

稻纵卷叶螟又称刮青虫、白叶虫，属鳞翅目螟蛾科，是一种迁飞性害虫。稻纵卷叶螟对我国南方各稻区水稻的危害较为严重，湖南、湖北、江西、两广北部、浙江南部每年发生5～6代。成虫具有迁飞性、趋光性和趋嫩绿性。第一代一般发生较轻，第二代幼虫6月中下旬在早稻孕穗抽穗期危害，第三代幼虫7月下旬至8月上旬危害一季稻和中稻，第四代幼虫9月上中旬危害双季晚稻。稻纵卷叶螟幼虫危害水稻叶片，先在叶尖吐丝缀叶纵卷成苞，并躲藏在苞内取食叶肉，仅留表皮，形成白色条斑，严重时田间虫苞累累（图10-9）。水稻分蘖期被害生长受阻，穗期被害功能叶受损，影响结实率和千粒重。稻纵卷叶螟的发生与气候条件和生态环境的关系密切。平均温度25℃，雨日多，雨量大，相对湿度80%以上，有利于该虫的繁殖。早稻、中稻、晚稻混栽地区，种植品种复杂，田间水稻生育期参差不齐，为各代提供了丰富食料，有利于该虫发生。肥水管理不当，引起稻株贪青晚熟，也有利于该虫危害（图10-10）。

图 10－9 稻纵卷叶螟幼虫危害

图 10－10 稻纵卷叶螟大田危害

稻纵卷叶螟的综合防治必须坚持以健身栽培与高产栽培相结合，生物防治与化学防治相结合的协调防治技术，将幼虫危害损失控制在经济允许水平以下。综合防控技术与措施如下：

（1）推广健身栽培技术。改革耕作制度，品种合理布局，实施合理密植，避免早稻、中稻、晚稻混栽，优化水稻栽培技术，推行轻简栽培。坚持科学施肥，加强肥水管理，施足基肥，一次性施肥，氮、磷、钾合理施用，早施追肥，不偏施氮肥，使水稻生长健壮、整齐；做到前期不徒长，后期不贪青，提高水稻抗虫能力并缩短危害期。科学管水，适时晒田，降低幼虫孵化期的田间湿度。在冬季和早春结合积肥，清除田边杂草，保持田间清洁，减少虫源基数。

（2）选用抗（耐）虫品种。在高产栽培的前提下，应选择叶片厚硬、主脉紧实的品种类型。超级杂交稻由于茎秆高大粗壮，叶片宽大厚硬，主脉紧实，使稻纵卷叶螟低龄幼虫卷叶困难，成活率降低，一般发生危害都较轻。

（3）开展生物防治。稻纵卷叶螟天敌种类多达 60 多种，生产上需保护这些自然天敌。在调查明确天敌种类与数量的基础上，协调药剂防治时间、药剂种类和施药方法。如按常规时间用药，对天敌杀伤性大时，应提早或推迟施药；如虫量虽已达到防治指标，但天敌寄生率很高，也可不用药防治。在选择药剂种类和施药方法时，还应尽量注意采用不杀伤或少杀伤天敌的药剂和方法以保护自然天敌。在田间人工释放稻螟赤眼蜂，在放蜂前掌握此虫的发生期和发生量，从发蛾始盛期开始到蛾量高峰下降后为止，每隔2～3天放蜂一次，连放2～3次。放蜂量根据稻纵卷叶螟的田间卵量而定，每丛有卵5粒以下，每次每亩放蜂1万头左右；每丛有卵10粒左右，每次每亩放蜂3万～5万头。苏云金杆菌（Bt）是应用时间很长的微生物杀虫剂。另外，还有甘蓝夜蛾核型多角体病毒、球孢白僵菌、短稳杆菌、杀螟杆菌、青虫菌、金龟子绿僵菌等微生物农药。

（4）实施化学防治。水稻分蘖期和孕穗期易受稻纵卷叶螟危害，尤其是孕穗期损失更大。以2龄、3龄幼虫发生高峰为防治适期，在发生3龄幼虫前（即大量叶尖被卷期），使用化学防治较为恰当，尤其是一些生长嫩绿的稻田，更应作为重点防治对象田。化学防治应采取“狠治二代、巧治三代、挑治四代”的策略，三代、四代幼虫视发生情况结合其他病虫可进行兼治。在生产上需按照防治指标施药，杂交稻百蔸虫量分蘖期为50～60头，穗期为30～40头。常用药剂及每亩用量：20%氯虫苯甲酰胺15毫升，或40%氯虫·噻虫嗪15克，5.7%甲氨基阿维菌素苯甲酸盐80～100克，兑水50千克喷雾。一般在下午、傍晚及上午等露水干后应用植保无人机施药的效果良好，阴天和细雨天均可施用。此外，还有四氯虫酰胺、茚虫威、阿维·氯苯、阿维·茚虫威等新药剂。施药期间应灌浅水3～6厘米，保持3～4天。

（5）应用物理防治。应用昆虫性信息素技术，充分利用稻纵卷叶螟性诱剂可诱杀大量雄蛾，导致田间雌雄比例失调，降低交配率，减少子代虫量。目前生产上常用的主要有白色筒形诱捕器、笼罩诱捕器及水盆诱捕器等3种，需大面积统一放置，每亩稻田放置1～2个，可收到良好的效果。同时，推广应用光控型频振式杀虫灯、扇吸型太阳能杀虫灯，每3～4公顷可安装一台杀虫灯，灯控区稻田可有效降低稻纵卷叶螟虫口基数。

3. 稻飞虱

稻飞虱俗称火蠓虫，危害水稻的主要种类是褐飞虱和白背飞虱，其中以褐飞虱的发生量最大，危害最重，它是一种迁飞性喜温型害虫，长江流域以南稻区几乎连年受害（图 10－11）。湖南一般早稻以白背飞虱为主，一季稻和晚稻前期白背飞虱与褐飞虱混合发生，后期褐飞虱种群数量迅速上升。褐飞虱成虫和若虫喜阴湿环境，易群集于稻丛基部，以刺吸式口器吸食稻株汁液，并从唾液腺分泌有毒物质，引起稻株枯萎。危害轻时稻株下部叶片发黄；危害重时受害稻株组织逐渐变黑腐烂；遭受严重危害时，水稻成片枯死倒秆，群众俗称“火烧”“穿顶”“黄塘”等，导致严重减产甚至颗粒无收（图 10－12）。

图 10－11　褐飞虱群集危害

图 10－12　褐飞虱大田危害

褐飞虱在江苏、浙江、湖南、江西等省每年发生 5～7 代，有明显的世代重叠现象。成虫有长翅和短翅两种类型，长翅型成虫具有迁飞性和趋光性，为迁移型；短翅型成虫为居留型，繁殖能力强，在水稻生长季节 20 多天就能繁殖一代，正常条件下每雌产卵 200～500 粒。褐飞虱生长繁殖的适宜温度为 26 ℃～28 ℃，相对湿度 80%以上，夏秋多雨，盛夏不热，晚秋不凉，则有利于该虫发生危害。田间短翅型数量增多，繁殖量成倍增加，将是造成严重危害的预兆。白背飞虱也属于迁飞性害虫，其迁入时间一般早于褐飞虱，以水稻分蘖和拔节期为其繁殖盛期，长翅型成虫飞翔能力强（雄虫），未见短翅型，雌虫繁殖能力较褐飞虱低，平均每头雌虫产卵85粒，田间虫量分布比较均匀，各代种群增长倍数较低，一般危害也较轻。但需注意，带毒的白背飞虱易传播南方水稻黑条矮缩病，需加强秧田施药防治。

稻飞虱的综合防控可归纳为以农业防治为基础，抗性品种为主体，保护天敌压基数，养鸭养蛙灭害虫，压前控后争主动，合理用药保丰收。综合防控技术与措施如下：

（1）坚持农业防治。在单、双季稻混栽条件下，营养丰富，有利于褐飞虱繁殖危害，改革不合理的耕作制度，实行连片种植，合理布局水稻品种（组合），防止稻飞虱繁衍和迂回迁移危害。加强健身栽培和肥水管理，注意合理密植，施肥要做到施足基肥，巧施追肥，控氮、增钾、补磷，避免偏施氮肥，防止水稻后期贪青徒长。管水要做到浅水勤灌，适时晒田，使田间保持通风、透光，降低田间湿度等，这些措施可降低稻飞虱的繁殖系数。早稻收割时稻草随时挑离，不堆放在田边，收割后立即灌水翻耕，晚稻早插本田，采取田边喷药打保护圈。

（2）推广抗性品种（组合）。推广利用抗性品种是防治稻飞虱最经济有效的措施。近20多年来我国已选育评价和利用了一大批抗褐飞虱的品种（组合），还有一批经抗原杂交培育出来的抗虫品种，在生产上可选用适合当地种植的抗虫品种。据观察在抗性品种上取食的褐飞虱食量小，发育慢，死亡率高，生存率低，晚稻后期出现的褐飞虱短翅型成虫也极少。另外，在抗性品种上虫口密度低，很难形成优势种群。目前生产上推广应用的超级杂交稻高抗和多抗性组合虽不多，但大部分具有中等抗性，或处于中抗与中感之间。特别是超级杂交稻植株高大，茎秆粗壮，茎壁较厚，表皮硅质化强，对稻飞虱的耐害性也较强。

（3）保护利用天敌。稻田蜘蛛和黑肩绿盲蝽等是稻飞虱的重要捕食性天敌。据湖南省湘阴县调查，稻田蜘蛛优势种群为八斑鞘腹蛛、食虫沟瘤蛛、拟环纹豹蛛、类水狼蛛、拟水狼蛛、草间小黑蛛、锥腹肖蛸、圆尾肖蛸和粽管巢蛛 9 种，共占总蛛量的 73.6%，分别各占总蛛量的 15.70%、12.80%、10.70%、9.37%、7.44%、7.16%、4.13%、3.30% 和 3.00%。其他捕食性天敌优势种群有黑肩绿盲蝽（占 39.5%），黑宽黾蝽（占 18.42%），青翅蚁形隐翅虫（占 11.80%），这三种占此类天敌总量的 69.72%。寄生性天敌有稻虱缨小蜂、稻虱线虫、螯蜂等。此外，还有瓢虫、步甲、虎甲、猎蝽、花蝽等天敌，要注意保护这些天敌，充分发挥上述天敌对稻飞虱的控制作用。在春插、双抢期间放水翻耕以前田间放置稻草把助迁或挖保护坑，推行田埂种豆，保护好田埂及路边杂草等绿色通道，人工帮助蜘蛛等天敌种群安全转移。尽量选用高效低毒农药和生物农药，减少对天敌的杀伤。

（4）稻田养鸭控害。由于鸭具有觅食能力强、合群、喜水等特点，适宜稻田放养，选择生命力强、适应性广、产蛋率高、体形中等偏小的优良鸭种，如“江南一号”水鸭、四川麻鸭、临武鸭等。一般每亩稻田放养雏鸭 15 羽或成鸭 10 羽，实行“宽窄行”栽插，为鸭子自由穿行和觅食提供方便，田间可用塑料纱网沿田埂四周设立围栏，防止鸭子外逃。放鸭时间为小鸭孵出后 18～20 天或水稻移栽后 15～20 天，成鸭可直接放入稻田取食稻飞虱等害虫。注意当水稻进入乳熟至成熟期，则要禁鸭下田，防止取食稻谷。

（5）开展药剂防治。根据水稻品种类型和稻飞虱发生实况，适时开展化学防治。查发育进度，定防治适期，褐飞虱和白背飞虱通常以 2 龄、3 龄若虫高峰期为用药防治适期。查虫口密度，定防治对象田，在卵孵盛期后，调查各类稻田虫口密度是否达到防治指标。凡是达到防治指标的稻田列为防治对象田，防治指标均以稻飞虱百丛虫量为准，常规稻穗期百丛 1000～1500 头；一般杂交稻穗期百丛 1500～2000 头；超级杂交稻穗期百丛 2500～3000 头。采用“控前压后”，即中稻、晚稻“控四压五”的防治策略，选用高效、低毒、持效期长的农药。如 10%三氟苯嘧啶 16 毫升/亩；80%烯啶吡蚜酮 20～30 克/亩；60%呋虫吡蚜酮 20 毫升/亩；25%扑虱灵可湿性粉剂每亩用量40～50克，或10%吡虫啉可湿性粉剂每亩用量20～30克，或25%吡蚜酮可湿性粉剂每亩用量50～60克，或25%噻虫嗪（阿克泰）水分散粒剂每亩用量5～10克。这些药剂对稻飞虱有特效，持效期20～30天，一般一次用药可控制全期危害，但生育期较长的超级杂交稻需用药2次，其用药时间应掌握在低龄若虫高峰期。除上述常用药剂外，还有10%烯啶虫胺水剂每亩用量30～40毫升，或40%氯虫·噻虫嗪（福戈）每亩用量10～15克，或呋虫胺每亩用量10～15毫升，或20%麦雨道可溶性液剂每亩用量10～15毫升，或70%艾美乐水分散粒剂每亩用量5～10克。当褐飞虱暴发成灾时或重发田块（百丛虫量超过3000头），在水稻后期可另外选用速效性药剂80%敌敌畏或速灭威或异丙威乳油150～200毫升迅速扑灭。上述药剂可任选一种按每亩用量兑水50～60千克人工喷雾，注意轮换使用和交替用药，将药液均匀喷洒在稻丛茎基部，也可应用植保无人机进行超低容量喷雾。

4. 稻蓟马

稻蓟马俗称灰虫，主要在秧田期和大田分蘖期危害（图10-13，图10-14），是水稻生长前期的重要害虫，超级杂交稻中稻、晚稻秧田往往虫量较大，受害较重。成虫和若虫均以锉吸式口器锉破叶面取食汁液，危害初期叶面出现白色至黄褐色小斑痕，继而叶尖因失水而纵卷尖枯，渐至全叶卷曲枯黄。成虫黑褐色，体形微小，似蚁，若虫近白色至黄褐色，体形更小，怕光，且在受害叶片中常可见到大量的稻蓟马活动，严重时可造成全田秧苗失绿枯卷。稻蓟马生活周期短，繁殖快，世代多，长江流域稻区每年发生10～14代，以成虫在麦类、游草、看麦娘等杂草上越冬。在水稻秧苗长出后，大量成虫陆续迁入秧田，以后又由秧田向本田迁移危害，有趋嫩绿性和群集性。此虫生长繁殖的适宜温度为20℃～25℃，相对湿度为80%以上，耐低温而不耐高温，当气温升到28℃以上时对其生存不利，虫量就会随着温度的升高而种群数量下降。水稻遭受稻蓟马危害的几个敏感时期为秧苗2～5叶期，返青分蘖期及幼穗分化期，需注意加强这几个时期的防治。综合防控技术与措施如下：

图 10-13 稻蓟马秧田危害状

图 10-14 稻蓟马单叶危害状

（1）清除田边杂草，减少虫源基数。结合冬季积肥，清除秧田内外杂草，减少越冬虫源和早春繁殖的中间寄主，阻止稻蓟马转移危害。

（2）合理布局品种，水稻连片种植。单、双季稻及相同品种提倡连片种植，避免插花种植，尽量减少混栽，恶化稻蓟马的取食条件。确保水稻生长一致，从品种类型上看，杂交稻受害重于常规稻，超级杂交稻受害重于一般杂交稻。

（3）培育壮秧，科学施肥。重点是加强中、晚稻秧田的管理，培育好壮秧，对已受害的秧田，药后增施一次速效肥，恢复秧苗生长。

（4）保护天敌，以虫治虫。稻蓟马成虫、若虫的主要捕食性天敌有蜘蛛（微蛛类）、稻红瓢虫、小花蝽、黄褐花蝽等。寄生性天敌主要有线虫等。这些自然天敌对稻蓟马的发生有一定的抑制作用。

（5）掌握适期，及时施药。掌握以苗情和虫情为基础，重点是防治中稻、晚稻秧田和分蘖期稻田。药剂防治指标为当秧田卷叶率达 10%～15%，或百株虫量 100～200 头，本田分蘖期卷叶率 20%～30%，或百株虫量200～300头时，应及时进行药剂防治。在选用药剂时，最好选用高效、低毒、长效性农药，如10%吡虫啉可湿性粉剂每亩用量20克，或25%吡蚜酮可湿性粉剂每亩用量20克，或25%噻嗪酮可湿性粉剂每亩用量30克等，这类药剂施药时在药液中每亩可加入尿素150克一起喷雾，既治虫又可恢复秧苗生长。另外，如果虫量大，危害重，叶片大部分卷尖发黄时，可选用速效性农药，如20%三唑磷乳油每亩用量100毫升，或90%美曲磷脂晶体1500倍液，或25%杀虫双水剂每亩用量200毫升，每亩用药量均按兑水量50千克喷雾。另外，在播种时每10千克水稻干种子拌70%吡虫啉可湿性粉剂10～20克，防控秧田稻蓟马和稻飞虱有效期可达30天以上，效果很好。

三、草害防控技术

1. 湖南稻田不同栽培类型

我国稻田的杂草种类多、密度大、面积广、危害重，稻田杂草应用化学防控技术是实现现代化农业的重要内容。调查表明，稻田常见杂草有60多种，其中被列入我国十大草害之中的主要杂草有稗草、眼子菜和鸭舌草等。特别是稗草危害严重，不少大田可见稗草密度大，冠层压过常规稻，有些杂交稻秧田也出现“三层楼”的现象，因此，稗草是稻田最严重的杂草之一（图10－5，图10－16）。千金子是长江中下游地区直播稻田的重要杂草，其危害性仅次于稗草，还有牛毛毡、异型莎草、矮慈姑、节节草、空心莲子草和四叶萍等。湖南各地区杂草的发生种类和分布基本相同，但因地势、土壤条件、栽培方式的不同而有所差异，其危害程度与直播、栽插、管水等都有很大的关系，如抛秧田的杂草往往比移栽田的危害重。

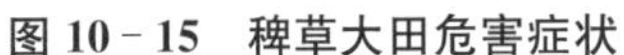
图 10－15 稗草大田危害症状

图 10－16 鸭舌草大田危害症状

近 20 多年来，我国水稻栽培方式发生了很大变化，长江中下游稻区已从传统的人工移栽变为人工直播、机械直播，工厂化塑料盆钵育秧——机械插秧，或者是塑料软盘育秧——人工抛秧等，但有部分地区仍然保持传统的人工移栽。由于栽插方式和管水方法的不同，杂草种群密度和危害程度也不同，因此，在生产上要根据水稻不同的栽培方式（栽插、管水等）条件下的杂草种群和危害特点，实施科学的化学除草，针对不同类型的稻田杂草应采用不同的防控技术，包括除草剂的选择及使用方法等。为了科学合理地开展稻田化学除草，湖南省有关杂草专家通过多年的调查研究并结合生产实际，从播种育秧至大田移栽，按照不同育秧方式和栽插方式及除草剂应用技术，将湖南水稻生产分为 9 种不同类型，并研究制定了这 9 种不同栽培管理类型稻田的杂草防控技术规程。这些规程适用性广、操作性强、技术成熟、使用方便，效果较好。

2. 湖南稻田主要杂草种类

全国稻田杂草分为三类，第一类为稗草、千金子、杂草稻等禾本科杂草；第二类为野慈姑、雨久花、鸭舌草等阔叶型杂草；第三类为异型莎草、碎米莎草、萤蔺等莎草科杂草。湖南稻田主要杂草有稗草、千金子、鸭舌草、节节菜、陌上菜、矮慈姑、牛毛毡、三棱草、水虱草、四叶萍、眼子菜、异型莎草、碎米莎草、狗牙根、双穗雀稗、马唐、鳢肠、水莎草、丁香蓼、空心莲子草等20多种。早稻和晚稻水育秧田（湿润秧田）、水稻移栽田、抛秧田、机插田和翻耕直播田杂草种类基本相同，主要为前13种；旱育秧田、免耕直播田杂草主要为后7种，再加稗草、千金子、陌上菜、鸭舌草、异型莎草等。

3. 不同类型稻田杂草防控技术

稻田杂草因地域差异、种植方式和栽培方法的不同，采用的化学除草策略和除草剂品种也有一定的差异。在生产上要根据不同类型稻田的杂草种类和危害特点选用不同的除草剂（配方）及施用方法。除草剂的选择和使用，依据稻田类型可分为秧田化学除草、本田化学除草（移栽、抛秧、机插）、直播田化学除草；根据田间发生的杂草种类和杂草群落组成，首先需要考虑的是所用除草剂的防除对象、杀草谱及防除效果，并兼顾除草剂的品种特性与价格。在湖南稻田应用较多的有丁草胺，其主要用来防除稗草、牛毛毡、异型莎草等。另外，为了达到兼治的目的，不同除草剂品种的混用或混配也是必要的，如丁·苄等。化学除草剂属于有毒农药，注意选用高效、广谱、低毒、对人畜和生态环境安全的除草剂，并严格按照《农药安全使用标准》和产品说明书施药。经有关杂草防控专家根据湖南稻田历年杂草发生实况和化学除草技术，结合不同耕作栽培特点，进行了综合分析和技术总结，提出了不同稻田杂草防控技术规程，各地可根据实际情况选用。现将湖南省有关除草剂专家研究总结的湖南9种不同类型稻田杂草防控技术分述如下：

（1）早稻水育（湿润）秧田杂草防控技术。早稻水育秧也称湿润育秧，是培育水稻大苗或中苗的常规育秧方式。

1）早稻湿润秧田厢面要平整，保持湿润，不能有积水，播种时进行泥浆踏谷。播种4天后，在秧苗立针期，每亩用30%扫茀特（丙草胺+安全剂）乳油80～100毫升，兑水30～45千克喷雾。

2）在播种后3～4天秧苗立针期，每亩用40%丙草胺+安全剂+苄嘧磺隆可湿性粉剂50～60克，兑水30～45千克喷雾。

3）在秧苗生长至2～3叶期，每亩用2.5%五氟磺草胺油悬浮剂40～50毫升，兑水20～30千克喷雾。任选一种均可防除稗草、一年生莎草和阔叶类杂草。

（2）晚稻（或一季稻）水育（湿润）秧田杂草防控技术。晚稻和一季稻湿润育秧也是目前应用最广泛的育秧方式，主要能保持土壤湿润通气，有利于秧苗根系生长。

1）晚稻或一季稻湿润秧田同样要求厢面平整，保持湿润，但不积水，播种时泥浆踏谷。在秧苗立针期，每亩用30%扫茀特（丙草胺＋安全剂）乳油80～100毫升，兑水30～45千克喷雾。

2）在播种后3～4天秧苗立针期，每亩用40%丙草胺＋安全剂＋苄嘧磺隆可湿性粉剂50～60克，兑水30～45千克喷雾。

3）在秧苗生长至2～3叶期，每亩用2.5%五氟磺草胺油悬浮剂40～50毫升，兑水20～30千克喷雾。这3种方法，任选一种，均可防除稗草、一年生莎草和阔叶类杂草。

（3）旱育秧田杂草防控技术。一般以旱地或菜园土作苗床或稻田作苗床，旱育秧田水生和旱生杂草混合发生，发生量较大，选用除草剂时注意两者都要兼顾，对水生和旱生杂草同时防除。

1）播种后灌跑马水，待自然落干后，每亩用40%丁草胺·噁草灵乳油100毫升，兑水30千克均匀喷雾，然后在秧苗3叶期再用2.5%五氟磺草胺油悬浮剂40～50毫升加10%氰氟草酯乳油40毫升，兑水20～30千克均匀喷雾。

2）播种后灌跑马水，自然落干后，每亩用60%丁草胺乳油80毫升加10%苄嘧磺隆可湿性粉剂20克，兑水30千克喷雾，然后在秧苗3叶期再用50%二氯喹啉酸可湿性粉剂40克，兑水30千克均匀喷雾。

3）播种后灌跑马水，自然落干后，每亩用40%丙草胺·苄嘧磺隆可湿性粉剂50～60克，兑水30千克均匀喷雾，在秧苗3叶期再用2.5%五氟磺草胺油悬浮剂40～50毫升，或10%氰氟草酯乳油60毫升，兑水30千克均匀喷雾。这三种方法任选一种，均可防除稗草、千金子、莎草、阔叶草及水生和旱生杂草。

（4）水稻移栽田杂草防控技术。水稻移栽田防除的重点是前期第一个发草高峰的杂草，要及时正确使用除草剂。

1）在早稻移栽后5～7天，中、晚稻移栽后3～5天，每亩用20%乙草胺·苄嘧磺隆可湿性粉剂30克，或30%丁草胺·苄嘧磺隆可湿性粉剂150克，和肥料一起拌匀撒施或拌细沙土10千克左右撒施。施药时田间需保持3～5厘米浅水层7天左右。

2）在早稻移栽后10～15天，中稻、晚稻移栽后8～12天，每亩用50%二氯喹啉酸可湿性粉剂50克加10%苄嘧磺隆可湿性粉剂30克，兑水30千克均匀喷雾。喷药前田间排干水，药后24～48小时灌水入田，并保持3～5厘米浅水层7天左右。

3）在水稻移栽前3～5天，每亩用30%丁草胺·苄嘧磺隆可湿性粉剂150克，或25%噁草酮乳油100毫升拌细沙土10千克左右，均匀撒施于田间水层中。移栽后15～20天，再用2.5%五氟磺草胺油悬浮剂60～80毫升均匀喷雾。喷药前排干水，药后24～48小时灌水入田，并保持3～5厘米浅水层7天左右。

（5）水稻抛秧田杂草防控技术。水稻抛秧田对除草剂的安全性要求较高，选择除草剂时要特别注意。

1）在水稻抛秧后5～8天，每亩用30%丁草胺·苄嘧磺隆可湿性粉剂150克，或50%丙草胺乳油60毫升加10%苄嘧磺隆可湿性粉剂30克，拌肥料一起撒施或拌细沙土10千克左右撒施，施药时田间需保持3～5厘米水层7天左右。

2）在水稻抛秧后10～15天，每亩用50%二氯喹啉酸可湿性粉剂50克加10%苄嘧磺隆可湿性粉剂30克，兑水30千克均匀喷雾。喷药前田间排干水，药后24～48小时灌水入田，并保持3～5厘米水层7天左右。

3）在水稻抛秧后15～20天，每亩用2.5%五氟磺草胺油悬浮剂60～

80毫升，兑水30千克均匀喷雾。喷药前排干水，药后24～48小时灌水入田，并保持3～5厘米水层7天左右。

(6) 水稻机（械）插秧田杂草防控技术。水稻机（械）插秧田是采用水稻工厂化育秧方式，主要是通过专用育秧设备在育秧盘内覆土、播种、洒水，并应用自控电热设备进行适温快速催芽及出苗，可成批生产出适用于机械化种植的水稻秧苗。

1）在水稻秧苗机插后6～8天，每亩用30%丁草胺·苄嘧磺隆可湿性粉剂150克，或50%丙草胺乳油60毫升加10%苄嘧磺隆可湿性粉剂30克，拌肥料一起撒施或拌细沙土10千克左右撒施。施药时田间需保持3～5厘米水层7天左右。

2）在水稻秧苗机插后10～15天，每亩用50%二氯喹啉酸可湿性粉剂50克加10%苄嘧磺隆可湿性粉剂30克，兑水30千克均匀喷雾。喷药前田间排干水，药后24～48小时灌水入田，并保持3～5厘米水层7天左右。

3）在秧苗机插前3～5天，每亩用30%丁草胺·苄嘧磺隆可湿性粉剂150克，或25%噁草酮乳油100毫升，拌细沙10千克左右均匀撒施于田间水层中。在机插后15～20天，再次用2.5%五氟磺草胺油悬浮剂60～80毫升均匀喷雾。喷药前排干水，药后24～48小时灌水入田，并保持3～5厘米水层7天左右。

(7) 翻耕直播稻田杂草防控技术。水源充足，排灌方便的农田，在播种前一般都进行土壤翻耕、施肥，平整田面，分浅沟后直接撒播稻种，但田面防止积水过多。

1）在水稻播种后3～5天，每亩用30%（丙草胺＋安全剂）乳油100～120毫升，或40%（丙草胺＋安全剂＋苄嘧磺隆），或60%（丁草胺＋安全剂）乳油100～150毫升，兑水30千克均匀喷雾。然后当秧苗生长到3～4叶时，再次用2.5%五氟磺草胺油悬浮剂60毫升，兑水30千克喷雾，药后24～48小时灌水入田，并保持3～5厘米水层7天左右。

2）在水稻播种后3～5天，每亩用30%（丙草胺＋安全剂）乳油

100～120毫升，或40%（丙草胺+安全剂+苄嘧磺隆），或60%（丁草胺+安全剂）乳油100～150毫升，兑水30千克均匀喷施。当秧苗生长到3～4叶时，再用50%二氯喹啉酸可湿性粉剂50克，兑水30千克喷雾，药后24～48小时灌水入田，并保持3～5厘米水层7天左右。

3）在水稻播种后3～5天，使用除草剂及用量与前两项相同，当秧苗生长到3～4叶时，再用2.5%五氟磺草胺油悬浮剂50毫升+10%氰氟草酯乳油50毫升左右喷雾处理，药后24～48小时灌水入田，并保持3～5厘米水层7天左右。

（8）免耕直播稻田（油菜稻田）杂草防控技术。此类为油—稻类型，即前茬为油菜田，油菜收割后播种水稻，田间杂草与水稻共生期较长，注意选用高效除草剂。

1）播种后等跑马水回落至田间湿润无积水时，每亩用60%丁草胺乳油150～200毫升，或50%丙草胺乳油100毫升，或33%二甲戊乐灵125～150毫升加10%苄嘧磺隆20～30克，兑水30千克均匀喷雾。当秧苗3～4叶期时，再用2.5%五氟磺草胺油悬浮剂100～120毫升，或10%氰氟草酯乳油100～150毫升，兑水30千克喷雾处理，药后24～48小时灌水入田，并保持3～5厘米水层7天左右。

2）播种后等跑马水回落至田间湿润无积水时，每亩用42%丁草胺·噁草酮乳油150～200毫升，兑水30千克均匀喷雾。到秧苗3～4叶期时，再用2.5%五氟磺草胺油悬浮剂100～120毫升，或10%氰氟草酯乳油100～150毫升，兑水30千克喷雾处理，药后24～48小时灌水入田，并保持3～5厘米水层7天左右。

3）播种后等跑马水回落至田间湿润无积水时，每亩用40%丙草胺·苄嘧磺隆（安全剂）可湿性粉剂100克，兑水30千克均匀喷雾。到秧苗3～4叶期时，再用2.5%五氟磺草胺油悬浮剂100～120毫升，或10%氰氟草酯乳油100～150毫升，兑水30千克喷雾处理，药后24～48小时灌水入田，并保持3～5厘米水层7天左右。

（9）免耕直播稻田（休闲稻田）杂草防控技术。此类为冬春季的休闲田，和前油菜田一样，因免耕直播不经翻耕，杂草发生基数较大，且有部分大龄杂草，播种后对秧苗生长影响较大，注意科学除草。

1）在播种后3～5天，每亩用40%丙草胺·苄嘧磺隆（安全剂）可湿性粉剂60克，兑水30千克均匀喷雾。待秧苗长到3～4叶期，再用2.5%五氟磺草胺油悬浮剂60～80毫升，兑水30千克喷雾处理，药后24～48小时灌水，保持3～5厘米水层7天左右。

2）在秧苗2叶1心期，每亩用50%二氯喹啉酸可湿性粉剂50克加10%苄嘧磺隆30克，兑水30千克均匀喷雾。在秧苗3～4叶期时，又用10%氰氟草酯乳油80～100毫升，兑水30千克喷雾处理，药后24～48小时灌水，保持3～5厘米水层7天左右。

3）在播种后3～5天，每亩用60%丁草胺（安全剂）乳油100毫升，兑水30千克均匀喷雾。再在秧苗3～4叶期时，又用2.5%五氟磺草胺油悬浮剂50毫升+10%氰氟草酯乳油100毫升左右，兑水30千克喷雾，药后1～2天灌水，并保持3～5厘米水层7天左右。

4. 不同稻田除草剂使用注意事项

（1）早稻、晚稻秧田及旱秧田如发现有少量植株高大的稗草、禾本科杂草及莎草等，应及时拔除，避免扯秧时带入大田。

（2）水稻移栽田中的小苗、弱苗田和漏水田一般不要使用含乙草胺的除草剂品种，凡是大苗、壮苗和保水田均可使用20%乙草胺·苄嘧磺隆，或30%丁草胺·苄嘧磺隆等除草剂，但需注意药后如遇到大暴雨要及时排水保苗。在插秧前后可采用2～3次封闭式灭草，如用载体（沙、土、肥）必须拌匀后撒施。

（3）水稻抛秧田和机（械）插秧田都不能使用含有乙草胺成分的除草剂品种，可使用30%丁草胺·苄嘧磺隆，或40%丙草胺·苄嘧磺隆及其他除草剂，但如遇大雨或暴雨需及时排水保苗。

（4）翻耕直播田施用土壤封闭型除草剂后，注意田间水层不能淹没秧苗心叶，遇雨及时排水；施用茎叶处理除草剂时要喷施细雾，有利于茎叶内吸传导，可提高药效。

(5) 油稻类免耕直播田使用土壤封闭型除草剂时，要注意稻种入泥，如稻种裸露，田间积水可能造成药害，药后如遇大暴雨需及时排水保苗。

(6) 休闲类免耕直播田如使用50%二氯喹啉酸必须注意选在水稻苗期，水稻圆秆拔节后停止使用，否则会出现药害。

(7) 无论栽插（抛秧）田或直播田，如出现多年生莎草（三棱草）等，且危害严重时，可选用灭草松或唑草酮加二甲四氯等除草剂防除，注意后者要在水稻分蘖末期使用。另外，直播田出苗后可在追肥时人工拔除零星的大龄稗草和千金子等。

(8) 施药要选择在晴天进行，施药前须认真检查施药器械的性能，防止药液渗漏，选择安全地点配药，田间操作时须戴口罩、手套，穿长衣裤，做好个人防护，注意风向，施药后洗手并清洗用药器具。

四、植保无人机施药技术

1. 植保无人机的优势及特点

我国是个农业大国，水稻等农作物病虫危害猖獗，农药的使用在病虫防治中仍然占有重要地位。长期以来由于受到落后的农药喷洒设备及其使用技术的制约，大部分地区仍采用传统的施药方式，主要有人工背负式喷雾器、手持喷杆式喷雾器及多种机动喷雾器等。这些喷药设备作业时间长，劳动强度大，用药多，成本高，并致使农药的利用率一直处于很低的状态，一般只有20%～30%的农药沉积在靶标区，其余的则造成污染和浪费。近10多年来，我国农业已从传统走向现代化，在生产方式、技术、体制、机制等方面都得到了发展创新。为了加强和规范农作物病虫害专业化防治服务，提升植保社会化服务能力，植保无人机受到了农业生产的关注，无人机施药技术也逐渐发展应用起来，尤其是稻田病虫防治，成为农业生产中一种新型的植保机械，且具有操作简单、使用灵活、省工省本、快速高效、喷药均匀等优势，获得了广大农民群众的接受和喜爱。植保无人机在作物上空的作业高度为 2～3 米，漂移少，旋翼产生的向下气流有助于提高雾流对作物的穿透性，可以节省农药用量 10%～20%，每小时可防治面积 3～4 公顷。随着农业生产的合作与承包经营户的增多，生产经营也向连片种植和大面积规模化发展，大面积农业生产很难单纯依靠人工完成植保作业，且雇用人工施药的成本也在升高，这就导致了农业生产对机械化植保设备的需求日益增强。相比于传统的施药作业方式，农用无人机在植保作业中表现出了比较明显的优势和特点。

2. 植保无人机的结构原理

当前生产上应用的植保无人机按动力分为电动、油动和油电混合三种类型。电动无人机通常用的是锂电池，构造简单，轻便灵活，维护容易，适应性强，但抗风能力差，续航能力不强。油动无人机使用的是燃油，载重量大，抗风能力和续航能力强，但自主飞行能力差，操作水平要求高。油电混合型无人机则可两者兼顾弥补不足，但也存在一些技术问题尚未解决。植保无人机按机型结构又可分为固定翼无人机、单旋翼无人机和多旋翼无人机三种。固定翼无人机载重量大，飞行速度快，作业效率高，但起飞场地要求高，需要无障碍地起降。单旋翼无人机其风场较稳定，雾化效果好，向下风力大，穿透力强，可以让药液飘移到作物茎基部，但造价高，操作难，安全性差，易出故障。多旋翼无人机价格适中，操作方便，比较适合于小的田块，但抗风力弱，风场覆盖和喷洒范围小。植保无人机主要由动力系统、喷洒系统、飞控系统等部分组成。动力系统分为电动、油动和油电混合三种类型，其中电动系统主要包括无人机的动力电池、电机、电子调速器、旋翼等部件，主要是为机体飞行提供动力能源。喷洒系统是植保无人机在作物上空施药作业的主要工作部件，根据需要喷洒农药，且操作灵活。飞控系统是无人机的人为控制系统，用于提供控制和决策指令，完成 GPS 定位、导航、采集数据等，还可通过远距离遥控操作完成作业任务。

目前植保无人机的品牌众多，性能不一，技术含量差距较大，再加之操作者技能水平的差距，往往造成作业质量的差异。选择植保无人机，首先，需要确定是否符合农业农村部《植保无人飞机　质量评价技术规范》（NY/T 3213—2018）的要求。其次，优先考虑选用大品牌的无人机进行植保作业，如大疆、极飞、汉和、羽人等品牌的无人机技术含量较高，其可靠性、适应性都处于该行业领先地位。另外，考虑无人机操作者的实际操作技能，对使用植保无人机的技术队伍进行培训，提高操作者的技能，对作业质量等都是至关重要的。

3. 植保无人机的关键技术

（1）测报技术。在农业生产中植保无人机的研制与应用，属于新型的科技产品。现阶段，应用植保无人机的一般都是专业植保公司。作为专业植保公司首先必须配有高素质的专业植保人员，针对水稻等主要农作物的重大病虫害，研究制定全年的植保方案，需要给种植大户或农户提供详细的水稻病虫害防治方案，并根据防治方案签订防治协议。特别是在每次施药之前，都要有专业技术人员深入田间进行病虫监测，必须做好病虫测报工作。根据水稻不同生育期主要病虫发生实况、病害流行规律、害虫发育进度、防治指标、虫口密度和危害程度等，准确预测发生期和发生量，并结合实践经验，确定防治适期和施药时间。一般来说，应掌握在病虫发生危害的初期施药，抓住有利时期，及时利用植保无人机喷药防治，测报要准确，施药要及时。如杀虫剂应掌握在害虫的卵粒孵化高峰或2～3龄幼虫发生盛期施药；杀菌剂应掌握在病菌侵入植株组织的发病初期施药，也可按照主要病虫的化学防治指标施药，才能获得较好的防治效果。

（2）施药技术。各种农药都有其一定的防治对象和范围，各种不同的防治对象（病虫害）对某种药剂的反应也是不同的，在使用植保无人机施药前必须弄清防治对象，做到对症下药，科学选配农药品种也是无人机施药的重要环节之一。首先，针对靶标病虫有的放矢地正确选择高效、低毒、低残留的对口农药，同时，还要考虑农药的广谱性，做到一药多治，或者合理地搭配混用几种农药，尽量做到一次施药能主治和兼治多种病虫，减少施药次数。另外，还需选择适合无人机使用的农药剂型，对于农用无人机喷洒农药，主要是超低容量喷雾，在农药的多种剂型中以选择油剂（乳油）为最好。其次，为悬浮剂或水分散粒剂，而常用的可湿性粉剂等剂型一般只适用于常规常量的喷雾设备。药液的物理特性指黏度、表面张力、粒径以及蒸发率等。植保无人机在空中喷洒时药液经历的环境与地面直接喷洒有很大差异，由于受高速气流的影响，其雾滴物理特征改变，沉积效果差等。为了解决这一问题，可通过飞防农药助剂来降低雾滴蒸发速度、减少表面张力、改善粒径均匀性而促进雾滴沉降。变量施药将是未来植保技术的发展趋势之一，与传统施药技术相比，变量施药可以根据田间病虫发生数量的多少、危害的轻重、作物的疏密等信息按需给药。这样不仅可以解决农药的过量使用问题，而且能够节省成本，提高防效，避免盲目施药，造成环境污染。

（3）避障技术。植保无人机施药时农田周围环境一般都较为复杂，有房屋建筑、电线杆等设施，这些不利因素对安全作业都产生了严重影响，因此，在无人机操作中如何自主避障也是一个值得探讨的问题。因为农田周围的障碍物形状特征差异较大，且分布随机无规律，所以无人机避障技术的难点在于对障碍物的自主识别及如何避障飞行。

（4）减漂技术。植保无人机喷洒药液影响雾滴漂移的因素很多，主要有喷施技术、冠层类型、飞行高度、气候条件（风速、风向、温湿度）及药液理化性质，其中自然风是影响雾滴沉积的主要因素。目前主要的减漂技术手段有研发减漂喷头、添加飞防助剂、优化喷洒技术、设置漂移缓冲区及种植树篱林带等。目前被广泛使用的是采用射流技术研制的减漂喷头。喷头是无人机施药系统中的关键部件，主要有承载雾化药液的功能，减少雾滴漂移，因此，无人机施药系统对喷头要求很高。

（5）检测技术。进行雾滴检测是根据雾滴沉积特性可直接对无人机喷洒的药液质量做出评判。目前常用的评价方法主要有雾滴密度判定法和

50%有效沉积量判定法两种。有关专家认为密度判定法在雾滴重叠时会产生误差，考虑到雾滴沉积分布特性和工作效率，建议采用50%有效沉积判定法确定有效喷幅。

（6）操作技术。植保无人机的使用必须建立专业的植保团队，并由专业人员操作使用。专业技术人员在操作过程中对无人机的作业参数包括施药种类、用量、助剂、航线规划、飞行高度、速度、风向、雾滴粒径等，都必须全面掌握，灵活运用。因为这些重要参数设置准确，无人机喷洒药液时才能保证农药均匀喷施，才能保证植保无人机作业的效率和效果。

4. 植保无人机的应用效果

湖南省桃源县农业农村局2018年在该县凌津滩镇仙人溪村双季稻基地，开展了应用植保无人机施药防治水稻主要病虫害试验示范，示范区晚稻连片种植面积66.7公顷，选用“极飞P20”植保无人机，每架次载药液量8千克，喷施面积0.67公顷，进行超低容量喷雾两次。第一次飞防施药时间为8月6日，防治稻飞虱、稻纵卷叶螟，兼治纹枯病，使用药剂为40%氯虫·噻虫嗪水分散粒剂、50%吡蚜酮水分散粒剂、30%苯甲·丙环唑乳油。第二次飞防施药为9月3日，防治二化螟、稻飞虱、稻纵卷叶螟、纹枯病，使用药剂为6%阿维·氯苯酰悬浮剂、50%吡蚜酮水分散粒剂、30%苯甲·嘧菌酯悬浮剂。与此同时，按常规施药方式，安排当地农户用东方红DFH-16A背负式手动喷雾器人工喷施，与飞防相同的药剂，在两次施药后第15天分别调查防治效果。试验结果表明，“极飞P20”植保无人机施药防治水稻二化螟、稻纵卷叶螟、稻飞虱、纹枯病的平均防效分别为87.8%、92.3%、82.1%、82.9%；当地农民按照传统习惯进行常规施药的平均防效分别为86.8%、92.4%、87.1%、83.9%。虽然两者差异不明显，但都达到了理想的防效，且无人机飞防省工、省本、省药。浙江省长兴县农技推广站等单位2017年在该县水口乡后坟村建立了水稻病虫害大面积飞防试点，选用浙江“农飞客”植保无人机喷药两次。第一次为8月中旬，喷施40%氯虫·噻虫嗪水分散粒剂+30%苯甲·嘧菌酯悬浮剂+吡蚜酮水分散粒剂；第二次为9月中旬喷施6%阿维·氯苯酰悬浮剂+苯甲·丙环唑乳油+吡蚜酮水分散粒剂。施药后8天调查，稻飞虱的防治效果为84.07%，稻纵卷叶螟三代和四代的防效分别为72.73%和94.19%，危害定局后调查纹枯病和稻曲病的防效分别为89.07%和83.45%。广西柳城县病虫测报站2018年在该县马山镇大村屯进行了植保无人机防治稻飞虱应用示范，6月中旬使用“飞眼”无人机F-10型喷药一次。试验药剂为30%噻虫嗪悬浮剂、20%噻虫胺乳油，50%丙威·噻虫胺可湿性粉剂、25%吡蚜酮可湿性粉剂和11.5%吡·噻乳油五个处理，和对照区相比较，药后15天对稻飞虱的防效分别为86.36%、84.00%、85.24%、88.92%和85.12%，这五种药剂之间防效差异不显著。其中30%噻虫嗪悬浮剂药后1天、3天、7天、10天和15天对稻飞虱的防效分别为90.64%、96.13%、97.83%、95.82%和86.36%，药后7天达到高峰，随后下降。这些药剂与过去人工传统的施药结果基本一致，具有较好的速效性和持效性，在生产上可广泛应用。

第十章 超级杂交稻超高产典型案例分析

一、云南省个旧市超高产攻关关键技术

1. 基本情况

个旧高产攻关基地位于云南省红河哈尼族彝族自治州，地处云贵高原的南端，东经102°54′～103°25′、北纬23°01′～23°36′，面积1587平方千米，年平均气温16.4 ℃，最冷月（1月）平均温度10.1 ℃，最热月（7月）平均温度20.5 ℃，最高海拔2740米，最低海拔150米，市区海拔1688米。自21世纪初，个旧基地开展高产攻关示范已近20年，2018年攻关片平均亩产达到了1152.3千克。

2. 高产攻关栽培技术

（1）育秧。采用旱育秧方式，选择地势高，排灌方便，土壤肥、厚、松，呈弱酸性的田块作秧田，旱育秧追肥的效果差，应重视苗床培土，以腐熟的有机肥和农家肥为主，结合复合肥施用。3月上旬播种，每亩秧田播种量8千克左右，稀播均播，培育壮秧。播种后，在苗床上每隔1米插一块竹片作拱，然后盖薄膜，四周用泥土将膜边压牢，密封保温，防止被风雨吹开。扎根扶针前，注意密封保温，促进扎根出苗。扶针现青后，搞好通风炼苗，防止高温伤苗缺水和发病死苗。2叶1心期后，天气好揭膜，揭膜后喷施一次噁霉灵等农药和0.5%尿素液，防治病害，促进小苗健壮生长。

（2）移栽。秧龄40天左右移栽，预计叶龄为5.5叶。宽行窄株移栽，株行距13.3厘米×30厘米为宜，每穴插一粒谷秧，拉线或划行移栽，注意一定要浅插（2～3厘米），浅插是分蘖早生快发的重要因素，若栽插过

深（>3 厘米），会损失大量下端有效分蘖以及其上能产生的若干有效二次分蘖，单株有效穗数大为减少，直接导致产量大幅下降。移栽后可灌深水护苗 3～5 天，水深以不没过心叶为宜。注意开好丰产沟（每 0.5 亩左右开一条沟），围沟要宽且深，以利于排水，使晒田能够达到目标，全田一致。

（3）肥料及用量。①大田底肥：每亩施用农家肥 500 千克，普钙 50 千克，复合肥 40 千克，于大田耕整时均匀旋入表土层中。对于红壤田，可加大农家肥的用量并可以施用一定量的石灰来改善土壤理化性质。②分蘖肥：移栽后 5～7 天，每亩施碳铵 20 千克，尿素 5 千克，钾肥 5 千克。移栽后 15 天左右看苗情每亩施用尿素 3～5 千克，钾肥 5 千克。鉴于红壤偏酸性，前期秧苗生长慢的特点，追肥时可加重碳铵的比例，一是碳铵显碱性，可中和土壤的酸性，二是碳铵的肥效快，可促进秧苗快发。③穗肥：分两次施用，分别在倒数第 3 叶和倒数第 2 叶时施用。倒 3 叶每亩施用尿素 5～7 千克，复合肥 10 千克，钾肥 10 千克，促进颖花良好发育；倒 2 叶每亩施用尿素 3～5 千克，钾肥 7.5 千克，防止颖花退化，为大穗的形成打好基础。④粒肥：在齐穗期每亩用谷粒饱 100 克兑水 60 千克进行叶面喷施，以降低空壳率，提高结实率和粒重。

（4）晒田控苗。根据田间调查苗数，达到计划穗数 18 万的 80%（15 万）时开始排水晒田，若前期苗数较少，可在计划穗数的 90%左右开始晒田，采用灌跑马水多次轻晒的方法（每次晒到田间站人不陷脚，红壤田块可适当增加每次晒田的时间）促使叶色落黄（顶 3 叶叶色比顶 4 叶深），一直可延续到幼穗分化初期，若达到规定叶龄而叶色未转淡，则应继续晒田，不能复水施肥。

（5）水分管理。超级稻组合根系发达，生长势强，为了促进前期早发，分蘖末期控制无效分蘖，后期确保根系活力，在水分管理上以“增气、养根、保活力”为中心，具体方法是移栽立苗返青后保持浅水，分蘖期湿润灌溉促分蘖，苗数达到预定穗数的 80% 时开始晒田，采取多次轻晒，控制无效分蘖，促进根系生长和深扎。晒田过重，田间开坼大，根系断裂不易恢复，只宜轻晒，晒到叶色转淡为止（顶3叶叶色比顶4叶深），如没达到目标，一直可延续轻晒到主茎幼穗分化初期。幼穗分化后保持浅水至抽穗扬花期，灌浆成熟期采用间歇灌溉，干湿交替，花期以湿为主，后期以干为主，以确保根系活力，防止早衰，提高结实率和充实度。确保做到干干湿湿，保持清水硬板，以气养根，以根保叶，以叶增重，达到丰产要求的有效穗数，活熟到老，获取高产。

（6）病虫害防治。秧田期治虫1～2次，主要防治稻蓟马和稻瘿蚊，移栽前一天秧田喷施一次农药，秧苗带药下田，减少大田前期病虫害。为了减轻农药残留及提倡低碳栽培，本田期施药以防为主，防治2～3次，主要防治三虫三病，即二化螟、稻纵卷叶螟、稻飞虱、稻瘟病、纹枯病和白叶枯病，施药时间以田间调查情况确定。

二、湖南省隆回县百亩攻关片超高产攻关关键技术

1. 基本情况

（1）攻关基地情况。隆回县地处雪峰山脉东部，羊古坳乡牛形村位于该县东北部中低山区，海拔370米，气候温和，光热充足，雨量充沛，年均气温16.6 ℃，连续5天平均气温≥10 ℃的初日为4月2—6日，年降雨量1330毫米左右，无霜期270天左右。土壤有机质含量35.2克/千克，N、P_2O_5、K_2O全量养分分别为1.58克/千克、0.50克/千克、2.94克/千克，碱解氮、有效磷、速效钾含量分别为124毫克/千克、5.1毫克/千克、165毫克/千克，pH值为5.5。攻关基地土壤为沙质壤土，土层深厚，保水保肥能力较强，排灌设施齐全，生态条件较好。该攻关点从20世纪90年代末开始承担高产攻关任务，是一个有较强的技术基础和群众基础的示范基地。

（2）攻关组合及产量表现。超高产攻关杂交组合Y两优900是在袁隆平院士提出的新型超级杂交稻育种研究技术路线的指导下选育的，具有典

型的超级稻高冠层、矮穗层理想株型，植株冠层形态具有长、直、窄、凹、厚的叶片特征特性，且穗层较矮，抽穗灌浆后植株整体重心降低，不易倒伏。该品种株高 129.5 厘米，主茎总叶片数 15 叶，伸长节间数 6 个，有效穗数 228 万穗/公顷，穗长 31.7 厘米，每穗总粒数 340.2 粒，结实率 93.6%，千粒重 27.5 克。

2. 高产栽培技术

根据 Y 两优 900 的特征特性，攻关示范田穗粒结构设计为：有效穗数每公顷 255 万穗，平均每穗总粒数 300 粒，结实率 90%，千粒重 27.5 克。

（1）育秧移栽。4 月中旬开始浸种，浸种前进行晒种、选种、消毒处理。催好的芽谷采用水育秧方式育秧。秧田翻耕后施好底肥，每亩秧田施用 45%（15—15—15）复合肥 40 千克作底肥，每亩秧田播种量 7.5 千克，每亩大田用种量 1 千克左右，均播稀播，培育壮秧。移栽前对大田进行精细耕整，用中型翻耕机将稻田深耕至 30 厘米，再耙平，做到 3 厘米水层不现泥。根据产量指标设计和 Y 两优 900 的特征特性，插植规格采用宽窄行，宽行 40 厘米，窄行 23.3 厘米，株距 20 厘米，即每亩栽插 1.05 万蔸，宽行设置为东西行向，用专用划行器划行移栽，有利于中后期通风透光。

（2）合理施肥。目标产量为 1000 千克/亩，每 100 千克稻谷需氮量为 1.8 千克，则总需氮量为 1.8×10＝18 千克/亩。估计土壤供应纯氮 8 千克/亩，则需纯氮 18－8＝10 千克/亩，肥料利用率为 40%，则每亩需要补施氮 10÷40%＝25 千克/亩。施肥的前后比例为基蘖肥∶穗肥＝6∶4，则基蘖肥需纯氮 15 千克/亩，穗肥需纯氮 10 千克/亩。除施好氮肥外，高产栽培还应该注重磷、钾肥的合理施用，做到平衡施肥，氮、磷、钾的比例一般为 1∶0.6∶1.1，肥料分基肥、分蘖肥和穗肥三类施用。

（3）科学管水。移栽后灌浅水，返青活棵到有效分蘖临界期间歇灌溉。达到预计苗数（每亩 17 万）的 80%时（每亩 14 万左右），开始排水晒田，采取多次轻晒的方法，晒到叶色转淡。灌浆成熟期采用间歇灌溉，干湿交替，花期以湿为主，后期以干为主，以确保根系活力，防止早衰，提高结实率和充实度。

（4）综合防治病虫害。病虫害实行以防为主，防治结合的统防统治原则。重点是秧田期稻蓟马，大田期稻纵卷叶螟、钻心虫、稻飞虱、稻瘟病、纹枯病等。在高肥、高群体条件下，特别要注意防治中后期的纹枯病和稻飞虱。根据虫情预报进行统防统治，用氯虫苯甲酰胺（康宽）防治稻纵卷叶螟和钻心虫，用吡蚜酮防治稻飞虱，用春雷霉素防治稻瘟病，用爱苗防治纹枯病。

三、河南省光山县超级杂交稻万亩高产攻关片关键技术

1. 基本情况

光山县位于河南省东南部，鄂豫皖三省交界地带，北临淮河，南依大别山，全县东西长60千米，南北宽55千米，总面积1835平方千米，总人口86万人。全县水资源总量20亿立方米，森林覆盖率达42.6%。全县现有耕地137万亩。国家杂交水稻工程技术研究中心选择河南光山县，于2014—2016年，实施“超级杂交稻‘百、千、万’高产攻关示范”项目，万亩级示范基地平均亩产突破800千克、千亩级示范基地平均亩产突破900千克、百亩攻关田突破1000千克单产水平，研究形成了万亩高产攻关片超级杂交稻高产技术规范。

2. 栽培技术规范

（1）育秧：手插秧采用小拱棚湿润稀播壮秧或拱棚抛秧盘育秧方式。

1）播期播量。播期根据前茬早晚，在4月中旬播种，秧龄控制在25天左右。每亩苗床播量10千克，抛秧盘每盘播露胸芽谷40～50克，分盘过秤播种，每亩大田约需40盘。先播70%，留30%补播，确保播种均匀。大田每亩用种量1千克。

2）浸种催芽。浸种前选晴好天气晒种2天，进行淘洗漂去瘪粒，用咪鲜胺或强氯精浸种24小时，严格按照药剂操作规程使用，然后淘洗干净，结合三起三落法进行浸种催芽，待80%种子破胸后，室温下摊晾6小

时即可播种。如不能及时播种可摊开晾芽，种子表面干燥时洒少量温水。

3）选整苗床。苗床应选择靠近水源、排灌方便、背风向阳、便于管理、土壤耕层深厚的老秧地、菜园地、冬闲稻田等。秧地平整前亩施入腐熟农家肥5～6千克，40%专用肥（或秧地专用肥）50千克，氯化钾8千克，锌肥1千克，硅肥6千克。精细耕整，水整秧田待泥土沉实后做苗床，旱整秧田过4～5天再整成苗床，苗床一般宽1.5米左右（或根据秧盘、薄膜宽度定）、长度不超过15米、床间距0.7米、床头距1米。

4）播种覆膜。播种时要分床过秤，撒播均匀，轻轻镇压使种子与土层紧密接触或使种子三面入泥，再用备好的细土（掺入20%～40%腐熟农家肥的过筛细土）覆盖0.8～1厘米厚。盘育秧分盘过秤，盘土上到2/3后，均匀播种，然后覆土，再用木板将多余营养土刮去。每亩秧床用3%广枯灵40克兑水40千克喷雾，进行苗床消毒。

旱整秧床播种后要先湿透水，然后进行土壤处理，再插弓盖膜，四周压严。

5）秧床管理。①温度：播种后到扎根扶针前，注意密封保温，促进扎根扶苗，适温30 ℃～32 ℃，超过38 ℃适当通风降温，以防烧种烧芽；秧苗60%现青后需小通风炼苗，使床内温度降至25 ℃左右，不得超过35 ℃，否则烧苗；1叶1心后天气好可揭膜，揭膜后喷施一次噁霉灵等农药和0.5%尿素液，防治病害，促进小苗健壮生长。根据病虫发生情况，在秧田喷1～2次锐劲特、富士一号等农药，防治稻蓟马、二化螟、稻象甲、立枯病、稻瘟病等病虫害，确保秧苗健壮生长，无虫伤病斑。②追肥：2叶1心时追施断奶肥，每10平方米用尿素25克兑水5千克喷雾，在施肥后必须喷清水洗苗。移栽前5～7天追施送嫁肥，每亩追施尿素3～5千克，促进返青活棵。同时注意二化螟等病虫害的发生与防治。③水分：从播种到1叶1心前，尽量使秧苗处于接近旱田的条件下生长。注意把好苗床浇水指标，凡发现秧苗早晚无露珠、床土干燥、午间叶片打卷三种情况之一者可在晴天上午浇一次透水。从1叶1心期到3叶期，沟中灌满水，保持厢面湿润，3叶期以后，每次灌0.5～1厘米水层自然落干后晾2～3天，再灌水0.5～1厘米，如此周而复始。在施肥、除草、病虫防治、烈日曝晒等需水情况下应保持1厘米左右水层。

（2）移栽。

1）移栽日期。稀播壮秧4～5叶期带土及时移栽，抛秧盘育秧2.5～3叶期带土移栽。

2）大田耕整。移栽前对大田进行精细耕整，用中型翻耕机，将稻田深耕至30厘米左右，再耙平，做到3厘米水层不现泥。根据产量指标设计，当地气候条件和品种的特征特性，采用宽窄行或宽行窄株栽培，宽行东西行向，行株距30厘米×16.7厘米，每亩插足1.33万穴。每穴2棵分蘖壮苗，移栽时一定要浅插（2～3厘米），因为浅插是早发、多发低位分蘖，保证足苗大穗的必要前提，同时做到带泥栽插，随拔随插，插直插稳，不插弱苗、带病苗，不多蔸，不漏蔸，栽插后3天内及时查漏补缺，换掉返青不好的秧苗，确保苗全苗壮。

（3）施肥。

1）底肥。结合大田耕整，每亩施菜籽饼肥50千克，40%水稻专用肥（硫基）40千克，过磷酸钙40千克，氯化钾12千克，硫酸锌1千克，硅肥6千克，硼砂1千克。

2）分蘖肥。在移栽5～7天活棵后，每亩追施尿素8～10千克，移栽13天后看苗情，每亩追施尿素3千克，氯化钾6千克，做到平衡施肥（不缺肥，不第二次追肥）。

3）穗肥。分两次施用，在晒田后群体叶色落黄后，第一次在幼穗分化2～3期时施用，每亩施45%（15—15—15）的复合肥10千克、尿素7千克、氯化钾13千克；1期褪色，2期施用；2期褪色，4期施用；3期褪色，3期施用；褪色更早的缺肥田块，可将复合肥折算成尿素追施。第二次在幼穗分化4期时施用，每亩施用尿素3千克，氯化钾6千克。

4）粒肥。在齐穗期每亩用谷粒饱一包（100克）兑水60千克叶面喷施；灌浆期叶面喷施微肥、磷酸二氢钾1～2次。

（4）管水。

1）薄水插秧，寸水返青。插秧时留薄水层，以保证插秧质量，防止深水浮蔸缺蔸，插后5～6天内灌3厘米左右水层以创造一个温度、湿度比较稳定的环境条件，促进新根发生，迅速返青活棵。

2）浅水与湿润分蘖。从返青活棵到有效分蘖临界期实施间歇灌溉，做到干湿交替，以湿为主，结合中耕除草和追肥，灌入1～2厘米水层，自然落干3～4天后，再灌入1～2厘米水层自然落干，如此周而复始。天晴遮泥水，雨天无水层，促进根系生长，提早分蘖，降低分蘖节位。

3）轻晒健苗。当亩总苗数达到计划亩穗数的80%时（15万/亩左右），开始排水晒田，采取多次轻晒的方法，一般晒至田间开小裂，脚踏不下陷，泥面露白根，叶片直立，叶色褪淡为止。若达到规定施穗肥的时期而叶色未转淡，则应继续晒田，不能抢施穗肥。

4）有水养胎。在稻田群体主茎进入幼穗分化2～3期恢复灌水，采取浅水勤灌自然落干，露泥1～2天后及时复灌；在幼穗分化减数分裂期前后（幼穗分化5～7期）时，保持3～4厘米水层不断水。

5）足水抽穗。抽穗扬花期需水较多，要保持浅水层，创造田间相对湿度较高的环境，有利于正常抽穗和开花授粉。

6）干湿壮籽。在群体进入尾花期后至成熟期坚持干干湿湿、以湿为主，以提高根系活力，延缓根系衰老，达到以氧促根、养根保叶、以叶增粒的目的。

7）完熟断水。在收割前5～7天群体进入完熟期排水晒田，切忌断水过早，否则影响籽粒充实和产量。

8）结合第二次施穗肥，起好大田围沟，沟深30厘米、宽20厘米左右；大田开好“十”字沟，深、宽同围沟。另外，每333平方米以上开厢沟一条，宽20厘米、深20厘米左右，便于排灌或晒田。

（5）搞好病虫草害综合防治。在高肥、高群体条件下，易发生病虫害，要采取“预防为主，综合防治”的植保方针，结合病虫情报，要特别注意稻蓟马、稻螟虫、稻纵卷叶螟、稻飞虱、稻瘟病、烂秧、纹枯病、稻曲病等病虫害的统防统治，化学防治建议分别用以下农药：

1）稻蓟马、钻心虫和卷叶螟。用氯虫苯甲酰胺（康宽）、稻腾、丙溴磷、毒死蜱、阿维菌素、氟虫腈等。

2）稻飞虱。用噻嗪酮、吡蚜酮、扑虱灵、毒死蜱等。

3）稻瘟病。首先是进行浸种消毒处理；第二是在关键环节和每次喷农药时加入适量的药剂预防；第三是发现有零星发病，要及时用富士一号、三环唑、春雷霉素等药物控制；第四是在不利条件下，病情发生较重的，要间隔5～7天连续施药，直至根治。①苗瘟：一是实行种子消毒，二是抓好3叶期的苗瘟防治，三是移栽前3～5天普防一次。②叶瘟：移栽后15～20天综合防治。用三环唑预防叶瘟；如发现叶瘟，要及时用药，根据病情轻重，需间隔1周连续用药2～3次，彻底防治。③穗颈瘟：在破口前1～3天用三环唑喷施预防；齐穗用乙蒜素喷施预防；如发现穗颈瘟症状，则每亩用6%春雷霉素80毫升根治。

4）纹枯病。爱苗、戊唑醇、好力克、井冈霉素等。

5）矮缩病。近年南方水稻黑条锈矮缩病的发生危害有所加重，造成大面积水稻失收，应高度重视，此病由飞虱传播，应加强秧田期及移栽前期飞虱防治，达到“治虱防矮、治虫防病”的效果。

6）稻曲病。井冈霉素、粉锈宁、多菌灵可湿性粉剂等的用药适期在水稻孕穗后期（即水稻破口前5～7天）。如需防治第二次，则在水稻破口期（即水稻破口50%左右）施药，齐穗期防治效果较差。

（6）推广抗倒栽培技术。

1）优马液体硅钾抗倒技术。在杂交水稻倒3叶抽出时，每亩用15%的优马液体硅钾200毫升，兑水30～40千克均匀喷雾。

2）谷粒饱可提高结实率和粒重，在齐穗期每亩用谷粒饱1包（100克）兑水60千克进行叶面喷施，以降低空壳率，提高结实率和粒重。

参考文献

[1] 袁隆平，马国辉．超级杂交稻亩产 800 公斤关键技术［M］．北京：中国三峡出版社，2006.

[2] 袁隆平．超级杂交水稻育种栽培学［M］．长沙：湖南科学技术出版社，2020.

[3] 袁隆平，马国辉．超级杂交稻强化栽培理论与实践［M］．长沙：湖南科学技术出版社，2005.

[4] 袁隆平，武小金，廖伏明，等．Hybrid Rice Technology［M］．北京：中国农业出版社，2003.

[5] 凌启鸿．作物群体质量［M］．上海：上海科学技术出版社，2000.

[6] 凌启鸿．水稻高产高效理论与新技术［M］．北京：中国农业科技出版社，1996.

[7] 马国辉．超级杂交稻高产理论与实践初论［J］. 中国农业科技导报，2005（4）：3－8.

[8] 马国辉，龙继锐，戴清明，等．超级杂交中稻 Y 两优 1 号最佳缓释氮肥用量与密度配置研究［J］. 杂交水稻，2008（06）：73－77.

[9] 马国辉，龙继锐，汤海涛，等．水稻节氮高产高效栽培技术策略及实践［J］. 杂交水稻，2010（S1）：338－345.

[10] 马国辉，汤海涛，万宜珍，等．不同氮肥水平下杂交晚稻产量和氮素吸收利用效率的比较与评价［J］. 杂交水稻，2010（03）：35－38.

[11] 马国辉，刘茂秋，罗富林．超级稻专用肥在杂交中稻中的应用效果比较研究［J］. 杂交水稻，2013（04）：37－39.

[12] 马国辉．杂交稻同步直播深施肥节氮栽培研究［J］. 农机科技推广，2010（12）：14－15.

[13] 马国辉．超级杂交稻节氮栽培技术［J］. 湖南农业，2008（01）：11.

[14] 田小海，王晓玲，许凤英，等．植物生长调节剂立丰灵对超级杂交稻抗倒性和冠层结构的影响［J］. 杂交水稻，2010（03）：64－67，73.

[15] 谭峥峥，魏中伟，马国辉．湖南中籼稻产量及其构成因素分析［J］. 作物研究，2015（05）：463－467.

[16] 龙继锐，宋春芳，马国辉，等．机械精量穴直播和定位施肥对水稻生长与养分迁移的影响 [J]. 杂交水稻，2014，29 (3)：60－64.

[17] 龙继锐，马国辉，许文燕，等．植物生长延缓剂立丰灵对杂交中稻抗倒性与产量的影响 [J]. 杂交水稻，2011，26 (1)：56－60.

[18] 龙继锐，马国辉，宋春芳，等．不同肥料节氮栽培对超级杂交中稻的生长发育和产量及氮肥效率的影响 [J]. 农业现代化研究，2008，29 (1)：112－115，127.

[19] 龙继锐，马国辉，宋春芳，等．超级杂交中稻节氮栽培氮用量及氮磷钾配比模式研究 [J]. 农业现代化研究，2008，29 (4)：494－497.

[20] 龙继锐，马国辉，周静，等．缓释尿素对超级杂交稻Y两优1号生长发育及氮肥利用率的影响 [J]. 杂交水稻，2007，22 (6)：48－51.

[21] 黄志农．杂交水稻病虫害综合治理 [M]．长沙：湖南科学技术出版社，2011.

[22] 余柳青，陆永良，玄松南，等．稻田杂草防控技术规程 [M]．北京：中国农业出版社，2010.

[23] 黄志农，张玉烛，朱国奇，等．稻螟赤眼蜂防控稻纵卷叶螟和二化螟的效果评价 [J]. 江西农业学报，2012，24 (5)：37－40.

[24] 黄志农．优质稻病虫害绿色防控实用技术 [J]. 湖南农业科学，2012 (4)：5－9.

[25] 黄志农．优质稻病虫害绿色防控策略 [J]. 湖南农业科学，2011 (14)：11－12.

[26] 黄志农，马国辉，曾晓玲，等．肥料运筹对杂交水稻二化螟发生危害的影响 [J]. 杂交水稻，2010，25 (5)：76－79.

[27] 黄志农，马国辉，徐志德，等．杂交水稻高产节氮栽培对二化螟发生危害的影响 [J]. 现代农业科技，2010 (8)：159－161.

[28] 黄志农，徐志德，文吉辉，等．二化螟性诱剂在水稻生产中的应用及诱控效果研究 [J]. 湖南农业科学，2009 (10)：64－69.

[29] 黄志农，张玉烛．水稻有害生物生态调控的理论与实践 [J]. 作物研究，2006，20 (4)：297－307.

[30] 黄志农，张玉烛，刘勇．湖南水稻三大害虫致灾原因与防治策略 [J]. 作物研究，2006，20 (4)：315－317，323.

[31] 石年珍，周尚泉，许建国，等．稻米质量安全控制技术对病虫害的控制作用 [J]. 作物研究，2006，20 (4)：337－341.

[32] 黄志农，刘勇，张玲，等．湖南省水稻象甲的发生与防治初探 [J]. 湖南农业科学，

2006 (2): 62 - 63.

[33] 吴朝晖，林尤珍，王效宁，等 . Y 两优 2 号海南澄迈县（百亩连片）高产示范及栽培技术 [J]. 杂交水稻，2011，26 (6): 51 - 53.

[34] 吴朝晖，袁隆平，青先国 . 水稻超高产育种研究的历史及进展 [J]. 湖南农业大学学报（自然科学版），2008，34 (1): 1 - 5.

[35] 魏中伟，马国辉 . 超高产杂交水稻超优 1000 的生物学特性及抗倒性研究 [J]. 杂交水稻，2015，30 (1): 58 - 63.

[36] 魏中伟，马国辉 . 超高产杂交水稻超优 1000 的根系特征研究 [J]. 杂交水稻，2016，31 (5): 51 - 55.

[37] 李建武，龙继锐，郭夏宇，等 . 超级杂交中稻高产栽培技术 [J]. 耕作与栽培，2020，40 (1): 61 - 62.

[38] 李建武，邓启云，吴俊，等 . 超级杂交稻新组合 Y 两优 2 号特征特性及高产栽培技术 [J]. 杂交水稻，2013 (1): 49 - 51.

[39] 李建武，邓启云，吴俊，等 . 超级稻 Y 两优 2 号在三亚高产栽培技术探讨 [J]. 热带农业科学，2012 (09): 6 - 11.

[40] 宋春芳，文吉辉，杨露，等 . 早稻机械精量穴直播与人工撒播对比研究 [J]. 湖南农业科学，2016 (02): 16 - 18.

[41] 宋春芳，舒友林，彭既明，等 . 溆浦超级杂交稻"百亩示范"单产超 13.5 吨/公顷高产栽培技术 [J]. 杂交水稻，2012，27 (06): 50 - 51.

[42] 宋春芳 . 隆回县超级杂交稻示范表现及高产栽培技术 [J]. 杂交水稻，2011，26 (04): 46 - 47.

[43] 周斌，刘洋，黄思娣，等 . 湘南水稻二化螟发生现状及防治对策 [J]. 湖南农业科学，2017 (12): 81 - 84.

[44] 张洪程，吴桂成，吴文革，等 . 水稻"精苗稳前、控蘖优中、大穗强后"超高产定量化栽培模式 [J]. 中国农业科学，2010，43 (13): 2645 - 2660.

[45] 马国辉，周静，龙继锐，等 . 缓释氮肥对超级杂交早稻生长发育和产量的影响 [J]. 湖南农业大学学报（自然科学版），2008 (01): 95 - 99.

[46] 马国辉，熊绪让，裴又良 . 论湖南省超级稻超高产栽培的主要限制因素及其对策 Ⅲ. 实现超高产栽培的对策 [J]. 湖南农业科学，2005 (03): 23 - 25.

[47] 沈洪昌，马国辉，宋春芳 . 水稻茎秆形态结构与倒伏的研究进展 [J]. 湖南农业科学，

2009 (08): 41-44.

[48] 马国辉.缓控释肥将推动水稻实现节氮增产 [J]. 中国农资，2008 (07): 30-31.

[49] 张丰转，金正勋，马国辉，等.灌浆成熟期粳稻抗倒伏性和茎鞘化学成分含量的动态变化 [J]. 中国水稻科学，2010 (03): 264-270.

[50] 艾治勇，郭夏宇，刘文祥，等.长江中游地区双季稻安全生产日期的变化 [J]. 作物学报，2014 (07): 1320-1329.

[51] 龙继锐，马国辉，周静，等.小西瓜+超级杂交稻高产高效种植模式及技术 [J]. 磷肥与复肥，2008 (03): 68-69.

[52] 田小海，吴晨阳，袁立，等.普通气候年景下江汉平原超级杂交稻结实率及其与气候条件的关系 [J]. 中国水稻科学，2010 (05): 539-543.

[53] 李存信，林德辉.不同海拔地区种植的水稻地上部干物质的生产和分配 [J]. 云南植物研究，1987，9 (1): 89-95.

[54] 顾明.海拔对水稻生长发育的影响 [J]. 耕作与栽培，1997 (1/2): 61-63.

[55] 储成虎，张惠珍.大别山低海拔地区超级稻高产攻关技术研究 [J]. 现代农业科技，2015 (7): 41，45.

[56] 池再香，杨桂兰，杨黎，等.不同海拔高度的光温因子对超级稻陆两优106产量的影响研究 [J]. 贵州气象，2007，31 (6): 9-10.

[57] 曾亚文，李自超，杨忠义，等.云南地方稻种籼粳亚种的生态群分类及其地理生态分布 [J]. 作物学报，2001，27 (1): 15-20.

[58] 杨晓光，刘志娟，陈阜.全球气候变暖对中国种植制度可能影响Ⅰ.气候变暖对中国种植制度北界和粮食产量可能影响的分析 [J]. 中国农业科学，2010，43 (2): 329-336.

[59] 赵锦，杨晓光，刘志娟，等.全球气候变暖对中国种植制度可能影响Ⅱ.南方地区气候要素变化特征及对种植制度界限可能影响 [J]. 中国农业科学 2010，43 (9): 1860-1867.

[60] Piao S L，Ciais P，Huang Y，et al. The impacts of climate change on water resources and agriculture in China [J]. Nature，2010，467 (7311): 43-51.

[61] 玄海燕，黎锁平，刘树群.区域降水量与经纬度及海拔关系的分析 [J]. 甘肃科学学报，2006 (04): 26-28.

[62] 谭亚玲，洪汝科，陈金凤，等.海拔高度对不同水稻品种生长的影响研究 [J]. 种子，

2009，28（7）：27-30.

[63] 田小海，罗海伟，周恒多，等．中国水稻热害研究历史、进展与展望［J］. 中国农学通报，2009（22）：166-168.

[64] 朱德峰，陈惠哲．水稻机插秧发展与粮食安全［J］. 中国稻米，2009，15（6）：4-7.

[65] 何文洪，陈惠哲，朱德峰，等．不同播种量对水稻机插秧苗素质及产量的影响［J］. 中国稻米，2008，14（3）：60-62.

[66] 李惠珠，刘朝东，傅荣富，等．不同栽插苗数和密度对华航 31 号群体分蘖动态及产量构成的影响［J］. 广东农业科学，2017，44（5）：1-6.

[67] 孔学梅，吴非，王俊，等．二晚杂交稻栽插密度与穴栽苗数对产量的影响［J］. 现代农业科技，2014（19）：12，14.

[68] 金传旭，钟芹辅，黄大英，等．栽插密度与穴栽苗数对水稻产量及其构成因素的影响［J］. 贵州农业科学，2012，40（4）：85-87，90.

[69] 吕腾飞，周伟，李应洪，等．秧龄、水肥管理模式和穴插苗数对杂交中籼稻不同层级茎蘖干物质生产和产量的影响［J］. 杂交水稻，2017，32（1）：52-61.

[70] 杨志英．晶两优 534 在浦城县作机插秧中稻种植表现及栽培技术［J］. 福建稻麦科技，2018，36（2）：44-46.

[71] 黄黔生．水稻不同机插秧密度对其分蘖动态和产量的影响［J］. 农机服务，2013，30（6）：558-559.

[72] 许俊伟，孟天瑶，荆培培，等．机插密度对不同类型水稻抗倒伏能力及产量的影响［J］. 作物学报，2015，41（11）：1767-1776.

[73] 徐飞．不同机插密度对不同品种水稻生长及产量的影响［J］. 上海农业科技，2017（2）：32-33.

[74] 施春婷，黄勇，叶建春，等．不同穴栽苗数对水稻 Y 两优 900 生育及产量的影响［J］. 农业科技通讯，2017（8）：70-73.

[75] 尹明玄，陶诗顺，张荣萍，等．留苗密度对直播杂交水稻有效穗数及成穗结构的影响［J］. 杂交水稻，2019，34（1）：40-43.

[76] 袁隆平．实施超级杂交稻“种三产四”丰产工程的建议［J］. 杂交水稻，2007，22（4）：1-2.

[77] 邹应斌．长江流域双季稻栽培技术发展［J］. 中国农业科学，2011，44（2）：254-262.

[78] 彭苏梅，凌晓辉．宜春市水稻绿色高效主推技术推广应用与成效分析［J］. 中国农技

推广，2019，35（9）：34 - 36.

[79] 张洪程，王夫玉．中国水稻群体研究进展［J］. 中国水稻科学，2001，15（1）：51 - 56.

[80] 李刚华，张国发，陈功磊，等．超高产常规粳稻宁粳1号和宁粳3号群体特征及对氮的响应［J］. 作物学报，2009，35（6）：1106 - 1114.

[81] 白洪松，冯志春，任元利．水稻“三超栽培”品种及移栽规格研究［J］. 垦殖与稻作，2005（5）：15 - 17.

[82] 徐英，周明耀，薛亚锋．水稻叶面积指数和产量的空间变异性及关系研究［J］. 农业工程学报，2006，22（5）：10 - 14.

[83] 凌启鸿．关于水稻轻简栽培问题的探讨［J］. 中国稻米，1997（5）：3 - 9.

[84] 曲世勇，郭丽娜. 水稻各生育期需水规律及水分管理技术［J］. 吉林农业，2012，264（2）：100.

[85] IPCC. Climate change 2014 synthesis report［R］. Geneva，Switzerland，2014.

[86] 周静．超级杂交籼稻气候生态适应性与产量差异研究［D］．长沙：湖南农业大学，2018.

[87] 董丹宏．全球背景下中国区域温度随海拔高度变化的时空分析［D］．成都：成都信息工程大学，2015.

[88] 毕旭．湖北省气温和降雨的变化特征及其与地理因子的相关性分析［D］．武汉：华中师范大学，2013.

[89] 石利娟．超级杂交稻Y两优1号动态株型研究［D］．长沙：湖南农业大学，2007.

[90] 马国辉．杂交稻节氮高产优质施肥技术［N］．湖南科技报，2005 - 01 - 18.